陌上花开 _{花卉篇}

古风CG插画绘制技法精解

设计手绘教育中心 ◎ 编著

人民邮电出版社

北 京

图书在版编目（ＣＩＰ）数据

陌上花开 : 古风CG插画绘制技法精解. 花卉篇 / 设
计手绘教育中心编著. -- 北京 : 人民邮电出版社,
2018.12
 ISBN 978-7-115-47601-2

Ⅰ. ①陌… Ⅱ. ①设… Ⅲ. ①三维动画软件－应用－
花卉画－绘画技法 Ⅳ. ①TP391.414

中国版本图书馆CIP数据核字(2018)第017144号

内 容 提 要

本书以古风花卉为核心，将中国传统绘画技法和现代人的审美相结合，从介绍古风插画基础知识和古风花卉绘制基础开始，结合古风花卉的配色、古风花卉不同结构的表现，以及常见古风花卉的绘制、常见点缀物的绘制、组合花卉和场景的绘制等，系统全面地讲解了古风花卉的知识及绘制技法。

随书附赠教学资源，包括所有案例的素材文件、线稿文件和效果文件，以及 1236 分钟古风 CG 插画绘制教学视频。生动细致的讲解，可以帮助读者提高学习效率。

本书集专业性、实用性、系统性于一体，注重理论与实践相结合，适合专业插画师及相关专业的学生学习使用，同时可以作为插画和涂鸦爱好者的参考用书。

◆ 编　著　设计手绘教育中心
　　责任编辑　张丹阳
　　责任印制　陈　犇
◆ 人民邮电出版社出版发行　　北京市丰台区成寿寺路 11 号
　　邮编　100164　 电子邮件　315@ptpress.com.cn
　　网址　http://www.ptpress.com.cn
　　北京市雅迪彩色印刷有限公司印刷
◆ 开本：787×1092　1/16
　　印张：17.25
　　字数：500 千字　　　　　　　2018 年 12 月第 1 版
　　印数：1—2 200 册　　　　　　2018 年 12 月北京第 1 次印刷

定价：98.00 元

读者服务热线：(010)81055410　 印装质量热线：(010)81055316
反盗版热线：(010)81055315
广告经营许可证：京东工商广登字 20170147 号

前言

关于古风插画

古风插画是一种新兴的插画风格，主体部分刻画唯美，画面色彩清新雅致，在现代CG绘制方法中融入了古代丹青画作的绘画技法和颜色搭配等知识。古风插画是具有中国特色的插画风格，水墨氛围的画面效果是其突出特征。

编写本书的目的

编写本书的目的是使广大读者了解古风花卉插画的表现技法和绘制步骤，能够清楚地认识到如何把设计思维转化为表现手段，如何灵活地、系统地、形象地使用Photoshop软件进行CG古风花卉插画的绘制。

读者定位

（1）美术专业的学习者。

（2）专业插画师及相关专业的学生。

（3）绘画爱好者。

本书的优势

1. 全面的知识讲解

本书内容全面，案例丰富，知识涵盖面广，如对线条训练、透视关系及色彩知识等都有讲解。案例从古风花卉不同结构的表现到常见古风花卉的表现和常见点缀物的表现，再到古风花卉的组合，内容全面，同时还讲解了如何配合花卉绘制场景等。最后通过优秀的古风花卉作品赏析介绍了古风插画表现范例，以供读者学习参考。

2. 丰富的案例实战教学

本书打破了常规同类书籍的内容与形式，更加注重案例的练习，不仅包括实战花蕊的画法，而且包括实战花冠、花苞、叶子的画法，还包括实战海棠花、迎春花、凤凰花、梨花、梅花和桃花等常见花卉的表现，山石、柳条、远山、亭子等常见点缀物的表现，以及水仙与禽鸟组合、荷花与仙鹤组合、花丛与兔子组合等，采用由简入繁、先局部后整体的教学方式来讲解古风花卉的绘制。

3. 多样的技法表现

本书中的古风花卉插画技法全面，既有通过线条以黑白方式绘制古风花卉的案例，也有配合线条上色表现的案例。

4. 海量的附赠资源

本书附赠下载资源，扫描"资源下载"二维码即可获得下载方法。资源包括书中所有案例的素材文件和最终效果文件，以及一套古风CG插画绘制演示视频（也可扫描"在线视频"二维码在线观看）。同时，还提供案例中用到的画笔文件和所有案例的线稿文件，方便读者练习上色。

资源下载　　在线视频

本书作者

本书由设计手绘教育中心编著，具体参加编写和资料整理的有陈志民和姚义琴等。由于作者水平有限，书中不妥、疏漏之处在所难免。在感谢您选择本书的同时，也希望您能够把对本书的意见和建议告诉我们。

作者邮箱：lushanbook@qq.com

读者QQ群：327209040

设计手绘教育中心

2018年10月

目录

古风插画基础知识 01

◎ **本章要点**

在学习绘制古风插画之前，应该先熟悉并掌握古风插画的基础知识。本章主要介绍了什么是古风插画，古风插画绘制工具，CG 画笔制作以及图层的管理等知识。

I.I 什么是古风插画

　　插画不仅是意识思维转化成视觉元素的产物，还是一种艺术形式。作为现代设计重要的视觉传达形式，它以直观的形象、真实的美感及强烈的感染力占据了非常重要的地位，并且插画已经广泛运用于设计的各个领域。

　　插画根据风格的不同可以分为很多种，常见的有日式插画、儿童插画、游戏插画和动画场景插画等。古风插画是古代作画技法与现代绘图软件相结合的产物，这种绘画方式已经逐渐流行起来，并且这种风格的插画给人以不同于其他插画风格的感受，形成了其独有的画风。古风插画的表现手法较多，但是最注重的还是画面意境的表达，常见的有以人物为主体、以风景为主体及以物体为主体等。在绘制古风花卉时，需要多考虑古风花卉的表现手法和整体画面的色彩搭配，这不仅要求古风插画师对绘画技法熟练掌握，而且要具有超强的审美能力和整体画面的把控能力，这样才能创作出既有中国古典韵味又符合当今市场需求的插画作品。

　　古风插画有多种表现形式，例如，在纸上用国画颜料或者水彩颜料绘制，用专业绘图软件绘制，用水彩颜料与专业绘图软件搭配绘制等。但是，无论用哪一种绘制方法，它们最后所表现出来的画面效果是相似的，那就是都具有中国传统画面的意境和氛围，题材都与古代人物相近。除此之外，画面的色彩也比较清新、明快，插画师在绘制过程中可以直接选取传统颜色进行色彩搭配，这样绘制出的效果是最具有中国特色的。

• 古风插画作品范例 1

• 古风插画作品范例 2

1.2 古风插画的绘制工具

古风插画的绘制工具多种多样，接下来对用 Photoshop 绘制古风插画时涉及的绘制工具进行讲解，如手绘板和绘图软件以及软件常用功能等。

1.2.1 数位板和绘图软件

数位板又称为绘图板、绘画板和手绘板等，是用 Photoshop 绘制 CG 插画的基本工具。数位板通常由一块绘图板、一根数据线和一支压感笔组成，它和手写板等非常规的输入产品类似，都针对一定的使用群体。但是，它与手写板不同的是数位板主要针对专业插画师。

在使用数位板绘画时，绘画力度的大小能直接影响线条的粗细及颜色的深浅变化。接下来对用不同绘画力度绘制出的线条效果进行讲解。

- 绘画力度很小
- 绘画力度较小
- 绘画力度较大
- 绘画力度很大

- 数位板基本笔触效果

数位板的主要参数有压力感应、坐标精度、读取速率和分辨率等，其中压力感应数值是关键参数。一般入门级别的压力感应数值是 1024，比较普遍的压感数值是 2048。压感数值越高，所绘制的线条粗细就越精确。

如果数位板长时间不用，那么需要用布遮盖其表面，电源接口也应该拔出，在使用的过程中应该避免大力摔碰。

Photoshop 工作界面如下图所示，它是 Adobe 公司推出的大型图像处理软件。Photoshop 主要用于处理由像素所构成的数字图像，使用其众多的编修与绘图工具，可以更加有效地进行图片编辑工作。Photoshop 作为插画师普遍使用的平面软件，它不仅具有简洁的界面及自由的操作环境，而且具有强大的图像绘制和处理功能。

1.2.2　软件中常用的工具及命令

Photoshop 的功能强大，可以使用的工具也有很多，接下来对常用的工具及命令进行介绍。

■　画笔工具

画笔工具的快捷键是"B"，它可用于绘制线条和颜色，在工作界面左上方可以选择不同类型的画笔并设置画笔像素、不透明度、流量及模式等。目前，互联网上已经有很多开放下载的画笔，可以根据需要选择下载或者自己进行画笔的设置和添加，让绘制过程更加方便快捷。

介绍了画笔工具的基础知识之后，接下来对画笔工具的具体运用及进行不同设置后的效果进行举例。

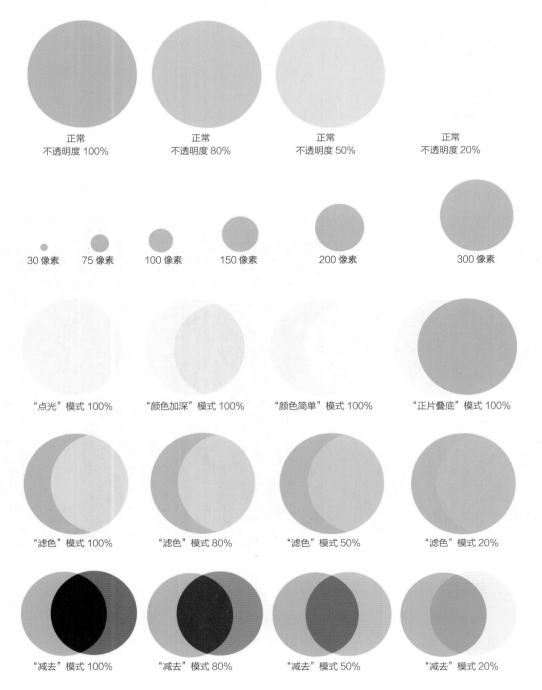

正常
不透明度 100%

正常
不透明度 80%

正常
不透明度 50%

正常
不透明度 20%

30 像素　75 像素　100 像素　150 像素　200 像素　300 像素

"点光"模式 100%　"颜色加深"模式 100%　"颜色简单"模式 100%　"正片叠底"模式 100%

"滤色"模式 100%　"滤色"模式 80%　"滤色"模式 50%　"滤色"模式 20%

"减去"模式 100%　"减去"模式 80%　"减去"模式 50%　"减去"模式 20%

2 橡皮擦工具

橡皮擦工具的快捷键是"E"，它可用于擦除错误图像，和画笔工具一样，在工作界面左上方可以设置橡皮擦像素、模式、不透明度以及流量等。橡皮擦工具和画笔工具是通用的，可以进行不同设置以制作出各种丰富的效果。

模式：画笔　不透明度：100%　流量：100%　□抹到历史记录

介绍了橡皮擦工具的基础知识之后，接下来对橡皮擦工具的具体运用及进行不同设置后的效果进行举例。

"硬边圆压力不透明度"
"画笔"模式不透明度 100%

"硬边圆压力不透明度"
"画笔"模式不透明度 80%

"硬边圆压力不透明度"
"画笔"模式不透明度 50%

"硬边圆压力不透明度"
"画笔"模式不透明度 20%

"柔边圆压力不透明度"
"画笔"模式不透明度 100%

"柔边圆压力不透明度"
"画笔"模式不透明度 80%

"柔边圆压力不透明度"
"画笔"模式不透明度 50%

"柔边圆压力不透明度"
"画笔"模式不透明度 20%

3 魔棒工具

　　魔棒工具的快捷键是"W"，它可用于选择闭合线条的范围，在绘图过程中非常实用。它还可以快速进行颜色调整、范围选区及大面积添色等。

| ✳ ⌄ | ▢ ▣ ▣ ▣ | 取样大小: | 取样点 ⌄ | 容差: 20 | ☑ 消除锯齿 | ☑ 连续 | ☐ 对所有图层取样 | 调整边缘… |

　　介绍了魔棒工具的基础知识之后，接下来对魔棒工具的具体运用及进行不同设置后的效果进行举例。

● 范围选区　　　　　　　　　　● 大面积添色　　　　　　　　　● 颜色调整

Tips

　　魔棒工具的使用一般针对闭合性线条的范围选择，如果线条没有完全闭合，则容易出现范围选区错误或者不准确的情况，如下图所示。

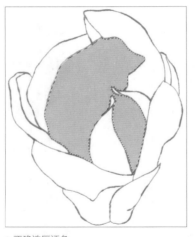

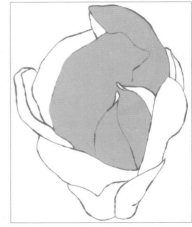

● 需要添色的选区范围　　　　　　● 正确选区添色　　　　　　　　● 错误选区添色

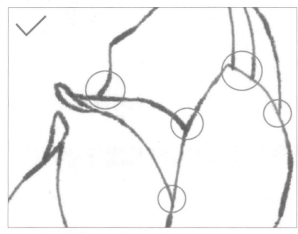

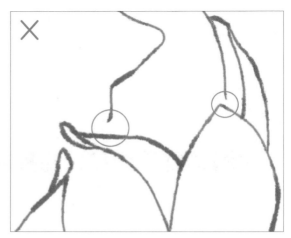

● 闭合性线条　　　　　　　　　　● 非闭合性线条

▮ 套索工具

套索工具的快捷键是"L"，它可根据画面需要选取选区，可以通过设置不同的羽化值来确定边缘线是清晰还是模糊，一般配合"模糊"或者"液化"进行画面调整。

介绍了套索工具的基础知识之后，接下来对套索工具的具体运用及进行不同设置后的效果进行举例。

● 套索工具选取选区　　　　　　● "液化"调整后效果

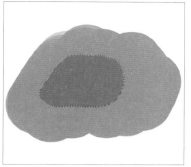

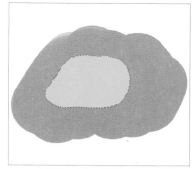

● "色相"调整后效果　　　　● "饱和度"调整后效果　　　　● "明度"调整后效果

5　裁剪工具

　　裁剪工具的快捷键是"C"，它可用于裁剪画面大小。

　　介绍了裁剪工具的基础知识之后，接下来对裁剪工具的具体运用及进行不同设置后的效果进行举例。

● 裁剪前　　　　　　　● 裁剪区域　　　　　　　● 裁剪后

6　文字工具

　　文字工具的快捷键是"T"，它可在画面中添加文字，还可通过不同的设置调整文字的样式和大小。

　　介绍了文字工具的基础知识之后，接下来对文字工具的具体运用及进行不同设置后的效果进行举例。

| 微软雅黑 | ▼ | Regular | ▼ | T | 72点 | ▼ | aa | 锐利 | ⬍ |

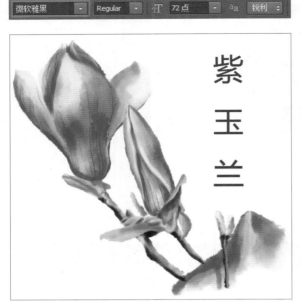

● "微软雅黑"文字添加效果

| 华文琥珀 | ▼ | | ▼ | T | 72点 | ▼ | aa | 浑厚 | ⬍ |

● "华文琥珀"文字添加效果

| 楷体 | ▼ | | ▼ | T | 72点 | ▼ | aa | 浑厚 | ⬍ |

● "楷体"文字添加效果

| 方正舒体 | ▼ | | ▼ | T | 72点 | ▼ | aa | 浑厚 | ⬍ |

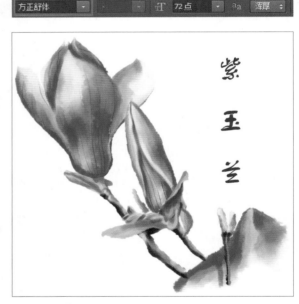

● "方正舒体"文字添加效果

7 填充工具

填充工具的快捷键是"G"，它可用于快速填充颜色，一般用来填充画面底色，并且填充的颜色很均匀。

介绍了填充工具的基础知识之后，接下来对填充工具的具体运用及进行不同设置后的效果进行举例。

● 魔棒工具快速选区　　　　● 填充工具快速填色　　　　● 修改填充色彩　　　　● 同时填充多个块面

Tips

　　在绘画过程中，填充工具常常与魔棒工具搭配使用，既方便又快捷，对于大面积填色和修改色块等都很实用。选择一个区域之后，按住"Shift"键可以任意增加多个需要填色的选区，按住"Alt"键可以任意减少不需要填色的选区。

I.3　CG画笔制作

　　学习了古风插画的基础知识和绘制工具及其常用工作命令的用法之后，接下来对常用的古风 CG 画笔的制作进行讲解。

I.3.I　"勾线"画笔的制作

Step 01　打开 Photoshop 软件，选取画笔工具，在"画笔预设"选取器中选择软件中自带的"硬边圆压力不透明度"画笔。

Step 02　按"F5"键，打开"画笔"设置面板（或执行"窗口"→"画笔"命令，调出"画笔"设置面板），勾选"形状动态"选项，数值设置如图所示。

Step 03　新建一个空白画布，简单试画线条，预览并确定画笔效果。如图所示，这种画笔绘制出来的线条不仅笔锋明显，而且线条不会过于粗糙，可广泛运用于古风花卉线稿的绘制中。

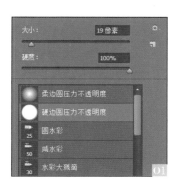
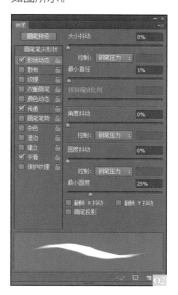
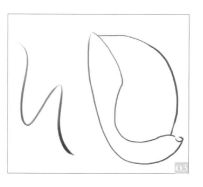

1.3.2 "兰叶水墨"画笔的制作

Step 01 打开 Photoshop 软件，在"画笔预设"选取器中选择软件中自带的"柔边圆"画笔。

Step 02 按"F5"键，打开"画笔"设置面板（或执行"窗口"→"画笔"命令），调出"画笔"设置面板。

Step 03 勾选"双重画笔"选项，并选择双重画笔中的"滴溅"画笔。

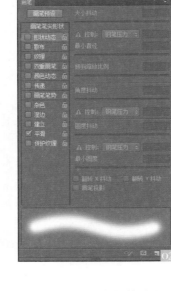

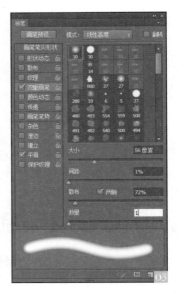

Step 04 将"形状动态"设置为图中模式，完成"兰叶水墨"画笔设置。

Step 05 在上一步的基础上，"形状动态"参数设置如下图所示，就可以制作出"钉头鼠尾"画笔效果。

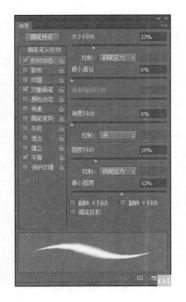

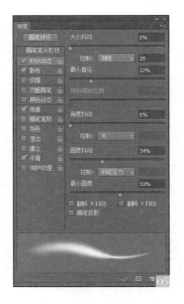

● "兰叶水墨"画笔效果

● "钉头鼠尾"画笔效果

1.3.3 "常用水墨"画笔的制作

Step 01 打开 Photoshop 软件，在"画笔预设"选取器中选择软件中自带的"喷溅 27 像素"画笔。

Step 02 按"F5"键，打开"画笔"设置面板（或执行"窗口"→"画笔"命令，调出"画笔"设置面板）。勾选"形状动态"和"双重画笔"选项，并按照下图设置属性。

Step 03 完成"常用水墨"画笔设置之后，可以在空白画布中试一下基础线条及具体案例的绘制效果。如下图所示，这种画笔适合用来勾线，使用范围非常广。

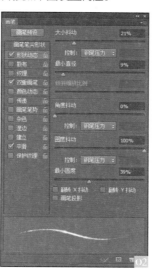

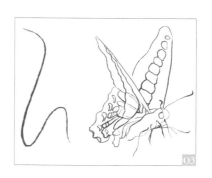

1.3.4 "晕染水墨"画笔的制作

Step 01 打开 Photoshop 软件，在"画笔预设"选取器中选择软件中自带的"圆水彩"画笔。

Step 02 按"F5"键，打开"画笔"设置面板（或执行"窗口"→"画笔"命令，调出"画笔"设置面板）。勾选"形状动态""散布""纹理""双重画笔""颜色动态""传递""杂色"以及"平滑"选项。

Step 03 勾选"纹理"选项，选择"灰色花岗岩花纹纸"图案，数值设置如图所示。

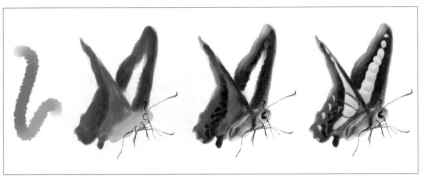

Step 04 勾选"形状动态"选项，数值设置如左图所示，完成"晕染水墨"画笔制作。可以在空白画布中试一下基础画笔及具体案例的绘制效果。这种画笔非常适合用来为古风插画上色。

● "晕染水墨"画笔效果

I.4 图层的管理

学习了古风 CG 画笔的制作及运用后，接下来对图层的管理进行讲解。图层作为古风插画绘图的基础，它的学习尤为重要，希望大家认真学习并掌握图层相关的基础知识。

I.4.I 图层的基本概念

每一个图层都是由许多像素组成的，图层就像一张张按照顺序叠放在一起的胶片，每个图层都可以单独编辑、绘制图形，并且图层之间互不影响。一般在图层中可以添加文本、图片和表格等，然后把所有的图层组合起来就可以形成最终的页面效果。

在古风插画的绘制中，图层的使用方法主要为新建图层、复制图层、合并图层、删除图层、图层样式、指示图层可见性以及锁定图层等。

链接图层
添加图层样式
添加蒙版
创建新的填充或调整图层
创建新组
删除图层
创建新图层

锁定透明像素
锁定图像像素
锁定位置
锁定全部

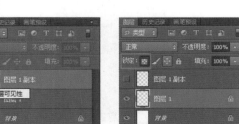

● 新建图层　　　● 指示图层可见性　　　● 锁定图层　　　● 复制图层

● 隐藏"线稿"图层前

● 隐藏"线稿"图层后

● 复制图层

● 图层样式

● 使用图层样式后

● 图层合并前

● 图层合并后

1.4.2 图层混合模式

图层混合模式是一项非常重要的功能，它决定了像素的混合方式，可用于创建或编辑各种特殊的图像效果，但不会对图像内容造成任何破坏。

Photoshop 中的"图层"面板、绘画工具的工具选项栏、图层样式、对话框、填充、描边及应用图像等都是混合模式的应用方向。混合模式分为 6 组，共 25 种，各个组中的混合模式可以产生相似的效果或者有着相近的用途，如下图所示。

组合模式组
加深模式组
减淡模式组
对比模式组
比较模式组
色彩模式组

 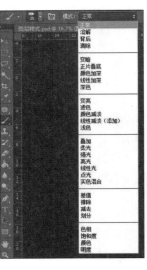  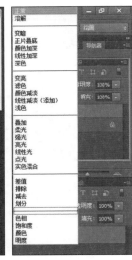

接下来对图层在不透明度 100 % 的情况下，同一张花卉效果图在不同混合模式下产生的效果进行介绍。

正常：默认的混合模式，图层的不透明度为 100 % 时，完全遮盖住下面的图像。

溶解：可以使图层像素离散，产生点状颗粒。

变暗：图层中较亮的像素会被底层较暗的像素替换，而亮度值比底层像素低的会保持不变。

正片叠底：图层中的像素与底层的白色混合时保持不变，与底层的黑色混合时则被其替换，混合结果一般会使图像变暗。

颜色加深：一般增加对比度来加强深色区域，底层图像的白色保持不变。

线性加深：通过降低亮度使像素变暗，与"正片叠底"模式的效果类似。

深色：比较两个图层的所有通道值的总和，显示值较小的颜色，并且不会生成第 3 种颜色。

变亮：与"变暗"模式效果相反，图层中较亮的像素会被底层较暗的像素替换，而较暗的像素则被底层较亮的像素替换。

滤色：与"正片叠底"模式的效果相反，可以产生漂白效果。

颜色减淡：与"颜色加深"模式的效果相反。通过减小对比度来提亮底层图像，并且提高颜色饱和度。

线性减淡：与"线性加深"模式的效果相反，通过提高亮度来减淡颜色。

浅色：比较两个图层的所有通道值的总和，显示值较大的颜色，不会生成第3种颜色。

叠加：可以增强图像的颜色，并且保存底层图像的高光和暗色调。

柔光：当前图层中的颜色可以决定图像变亮或者变暗，产生的效果与发散的聚光灯照在图像上相似。

强光：这种模式产生的效果与耀眼的聚光灯照在图像上相似。

亮光：这种模式可以使混合后的颜色更加饱和。

线性光：相对于"强光"模式效果，"线性光"模式的效果对比度更高。

点光：这种混合模式特别适合用于添加图像中的特殊效果。

实色混合：这种模式一般会让图像产生色调分离的效果。

差值：图层的白色区域会使底层图像产生相反的效果，而黑色不会对底层图像产生影响。

排除：与"差值"模式基本相似，但是可以创建对比度更低的混合效果。

减去：从目标通道中相应的像素上减去通道中的像素值。

划分：比较每个通道中的颜色信息，然后从底层图像中划分上层图像。

色相：这种模式对黑色、白色和灰色区域不起作用。

饱和度：可以改变底层图像的饱和度，但是不会影响它的亮度和色相。

颜色：图层的色相与饱和度应用到底层图像中，但是保持底层图像的亮度不变。

明度：可以改变底层图像的亮度，但是不会影响它的色相和饱和度。

I.4.3 图层样式

图层样式也叫图层效果，它的出现是 Photoshop 一个划时代的进步，图层样式是制作质感、效果的好帮手。由于 Photoshop 软件中的图层样式使用简单、修改方便，所以受到广大用户的喜爱。

"图层样式"共 10 种样式，接下来对不同的图层样式进行详细介绍。

1 添加图层样式

在古风插画的绘制过程中，如果要为一个图层添加图层样式，一般可以通过以下 3 种方法来完成。

（1）执行"图层"→"图层样式"菜单下的子命令，此时将弹出"图层样式"对话框，调整好相应的设置即可。

（2）单击"图层"面板底部的"添加图层样式"按钮 fx，在弹出的菜单中选择一种样式即可打开"图层样式"对话框。

（3）在"图层"面板中双击需要添加样式的图层缩览图，打开"图层样式"对话框，然后在对话框左侧选择需要添加的效果即可。

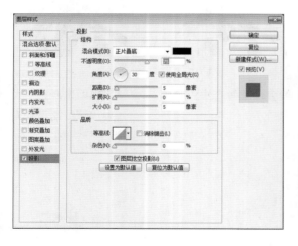

斜面和浮雕：可以为图层添加高光和阴影，让画面产生立体的浮雕效果。

描边：可以使用颜色、渐变及图案来描绘图像的轮廓。

内阴影：可以在紧靠图层内容的边缘内添加阴影，让图层内容产生凹陷效果。

内发光：可以沿着图层内容的边缘向内添加发光效果。

光泽：可以为图像添加光滑的且具有光泽的内部阴影，常用于制作具有光泽感的按钮和金属。

颜色叠加：可以在图像上叠加设置的颜色，并且可以通过模式的修改调整混合效果。

渐变叠加：可以在图层上叠加指定的渐变色，既可以制作带有多种颜色的对象，又可以通过颜色的设置制作各种三维效果。

图案叠加：可以在图像上叠加图案，与"颜色叠加"和"渐变叠加"样式相同。

外发光：可以沿着图层内容的边缘向外添加发光效果，常用于制作自发光以及光晕效果。

投影：可以为图层模拟出向后的投影效果，从而增强局部的层次感和体积感。

I.4.4 使用图层组管理图层

在绘制较复杂的古风插画时，图层的数量往往会比较多，这时想要从众多图层中找到需要的图层是一件非常困难的事情。如果把这些复杂的图层分门别类地放在不同的图层组中进行管理，那么绘图时会更加有条理、有逻辑，查找或修改起来也更加方便快捷。

接下来对图层组的使用和管理范例进行介绍。

● 创建"组1"

● "组1"图层全部显示效果

● 创建"组2"

● 在"组2"下方创建图层

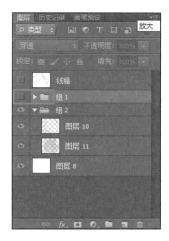

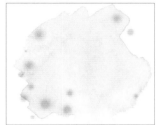

- 关闭"组 1"可见性效果　　　　· 关闭"组 2"图层 11 可见性效果　　　　· "组 1"和"组 2"同时可见效果

"背景"图层永远处于"图层"面板的底部，即使按住"Ctrl"键也不能在其下方新建图层。

图层过多时，可以在"新建图层"对话框中设置图层的颜色以便区分和查找不同用途的图层，如"绿色""红色"和"黄色"。

古风花卉绘制基础

◎ **本章要点**

本章主要介绍什么是线条，古风花卉构图与布局，练习线条的方法，古风花卉线条练习，古风花卉透视，古风花卉的搭配以及古风花卉空间与虚实关系等内容。

2.1 什么是线条

线条是美术最基本的造型手段，用线条和物型来表达情感，用线来创造"美"。线条具有比物型更强的抽象性，同时有较强的动感、质感和速度感。线有轻重缓急，有主次粗细，有硬有软，有长有短，有疏有密，且线的所有变化都是笔锋的变化。因此，练习好线条才能打好绘画基础。

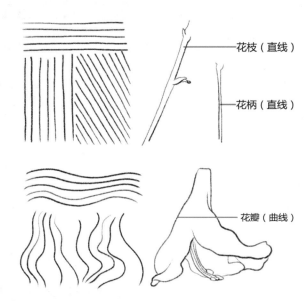

花枝（直线）

花柄（直线）

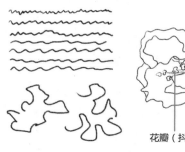

花瓣（抖线）　　花蕊（抖线）

花瓣（曲线）

● 线条综合运用范例 1

● 线条综合运用范例 2

2.2 古风花卉的构图与布局

构图与布局，是指在一定的空间内合理地安排和处理人、物的关系和位置。构图与布局讲究疏密有致，整张画面要有松有紧，有疏有密。应该通过构图形成一个吸引观众注意力的视觉中心。基本原则是：均衡与对称，对比和视点，最终达到使画面得到主体突出、简化杂乱的效果。几种常见的构图方法为九宫格构图、三角形构图、水平式构图。

九宫格构图是把图片上、下、左、右四个边都进行三等分，再用直线把这些对应的点连起来，就构成一个"井"字形的框，把画面分成相等的九个方格。其中四个交叉点是中心部分，构图时把主体部分放在这四个点附近，可以让画面看起来更加鲜明、有趣，突出主体。

三角形构图是最常见的一种构图方式，具有稳定均衡之感。一般是将画面中的 3 组物体放在 3 个顶点上，可以是正三角形也可以是斜三角形或倒三角形，运用时较为灵活。这种构图的优点是可以使主体突出、层次明确。

对称式构图的特点是整齐一律，均匀划一，排列相等，可以产生一种极为稳定的效果，构成平稳和谐的画面。

2.3 练习线条的方法

练习线条的方法有很多种，接下来主要针对线条的结构、光影以及手劲进行练习。

2.3.1 练习结构

可以结合物体的结构来练习线条。有了基本的造型能力才能用线条画出想要的效果。

接下来将对郁金香的绘制要点和绘制步骤进行讲解。

1 绘制要点

（1）仔细观察郁金香的结构再进行绘制。

（2）线条要处理得干净整洁。

注意叶子间的前后关系。

线条基本做到一笔到位，使线条流畅干净。

| 郁金香花朵的绘制技巧 |

　　首先，新建"草稿"图层，用直线概括画出郁金香花朵的外形，接着细化花朵的结构造型。再新建"线稿"图层，选择"硬边圆压力不透明度"画笔工具，从局部开始准确地绘制出花朵的线条。最后，隐藏"草稿"图层，并完善整体画面。

Tips

先画出一个单独的花朵，按其构造绘制整株。在绘制整株花之前，可以运用几何体图形来确定大致的造型。

2 绘制步骤

Step 01 新建一个空白画布并新建"草稿"图层，选择"硬边圆压力不透明度"画笔工具，将画笔大小设置为 5 像素，单击"始终对大小使用压力"选项，选择黑色（●）绘制出几何体，确定郁金香的位置。

Step 02 将"草稿"图层不透明度调成 40%，绘制出郁金香的大致轮廓。

Step 03 将轮廓所在图层不透明度调成 40%，绘制出郁金香的叶片。

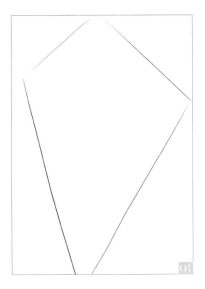

Step 04 继续绘制郁金香的叶片，注意前后穿插关系。

Step 05 绘制出郁金香的花朵，仔细绘制结构细节。

Step 06 继续绘制不同状态下的郁金香花朵。

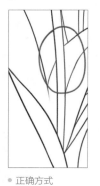
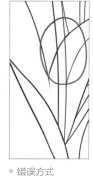

● 正确方式　　● 错误方式

Step 07 继续绘制出最后一朵，然后关闭"草稿"图层的可见性。

2.3.2　练习光影

　　光影主要靠强烈的光感和黑白灰来表现，可通过练习线条的排线来达到效果。这里通过线条的轻重来画出明暗从而表达光影效果。

　　素描中明暗层次分为五大调子，即高光、反光、投影、亮灰部和明暗交界线。下面将通过具体的案例对五大调子进行分析。

明暗交界线

高光

反光

亮灰部

投影

不同的光源方向产生的效果也不同，下面是 3 种不同的光源方向产生的不同明暗效果范例。

● 范例 1 　　　　　　　● 范例 2 　　　　　　　● 范例 3

| 素描中的排线形式 |

均匀压力下的线条和变换压力
下的线条。

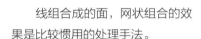

线组合成的面，网状组合的效
果是比较惯用的处理手法。

介绍了光影关系的基本知识之后，接下来将对百合花的绘制要点和绘制步骤进行讲解。

■ 绘制要点

（1）运用素描的线条排线。

（2）把握好明暗关系。

（3）用留白来表现光。

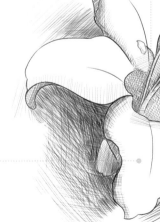

排线时要注意把握好运笔方向，
要跟着物体的轮廓走。

通过叠加的次数和线条的疏密
变化来区分亮部、亮灰部及暗
部的层次关系。

2 **绘制步骤**

Step 01 新建一个空白画布并新建"草稿"图层，选择"硬边圆压力不透明度"画笔工具，将画笔大小设置为5像素，单击"始终对大小使用压力"选项，选择深黑红（●）绘制出百合花的大致轮廓。

Step 02 将"草稿"图层不透明度调成40%，绘制出百合花的花瓣。

Step 03 继续绘制百合花的花瓣，然后绘制出花蕊，同时关闭"草稿"图层的可见性。

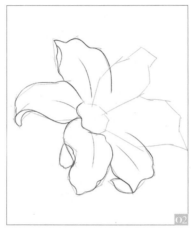

Step 04 选择素描的排线方式，绘制出百合大致的明暗关系。

Step 05 加深阴影部分的线条，使明暗层次对比更加明显。

Step 06 根据光源的方向绘制出百合花的投影。

2.3.3 **练习手劲**

控制线条的轻重，表现物体的前后与主次、整体和局部、局部与局部之间的比例。这样的画面才能具有立体感。

接下来将对昙花的绘制要点和绘制步骤进行讲解。

1 **绘制要点**

（1）线条要一笔到位，使其更流畅。

（2）控制线条的笔压，通常转折处的线条重。

线条有变化

线条无变化

画线条时要注意笔压的控制，笔压的大小变化影响着线条的轻重粗细。可以参考并使用成品线稿进行勾线练习，熟能生巧。

● 相同笔压效果   ● 不同笔压效果

2 绘制步骤

Step 01 新建一个空白画布并新建"草稿"图层，选择"硬边圆压力不透明度"画笔工具，将画笔大小设置为 5 像素，单击"始终对大小使用压力"选项，选择深黑红（●）绘制出几何体，确定昙花的位置。

Step 02 将"草稿"图层不透明度调成 40%，绘制出昙花的大致轮廓。

Step 03 由里及外绘制出昙花的花瓣，然后关闭"草稿"图层的可见性。

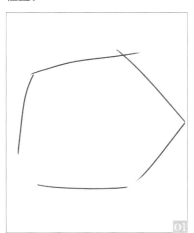

01

02

03

Step 04　继续绘制昙花的花瓣。注意花瓣的前后关系。

Step 05　继续添加花瓣，使昙花的形态更美丽。

Step 06　绘制出昙花的花蕊，然后关闭"轮廓"图层的可见性。

2.4 古风花卉线条练习

接下来对单朵的花，成簇的花以及组合花卉线条练习进行讲解。

2.4.1 单朵的花

玫瑰花颜色多样，花瓣层层叠叠，微微下卷，叶片小且为绿色。枝条粗壮，稍微弯曲带刺。

接下来将对玫瑰花的绘制要点和绘制步骤进行讲解。

1 绘制要点

（1）了解玫瑰花的结构，由简化繁。

（2）把握整体构图，美观整洁。

玫瑰花花瓣层层叠叠，注意区分里外关系。

绘制出叶子的脉络，使脉络清晰。

2 绘制步骤

Step 01 新建一个空白画布并新建"草稿"图层，选择"硬边圆压力不透明度"画笔工具，将画笔大小设置为 5 像素，单击"始终对大小使用压力"选项，选择深黑红（●）绘制出玫瑰花的大致轮廓。

Step 02 将"草稿"图层不透明度调成 40%，绘制出玫瑰花的叶片。

Step 03 绘制出玫瑰花朵的外围轮廓。

Step 04 继续绘制花瓣，绘制出花瓣的层叠关系。

Step 05 绘制出花苞，把握好玫瑰花的形态。

Step 06 绘制出叶片，清理线稿。关闭"草稿"图层的可见性。

| 玫瑰花的绘制技巧 |

　　首先，新建"草稿"图层，用直线概括画出玫瑰花的外形。再新建"线稿"图层，选择"硬边圆压力不透明度"画笔工具，从局部开始准确地绘制出玫瑰花的轮廓和内部花瓣的层次关系。最后，隐藏"草稿"图层并完善整体画面。

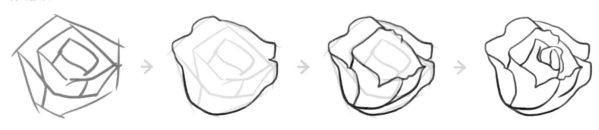

2.4.2 成簇的花

成簇是指扎堆的、一团团的意思，一般用来形容花卉生长得很茂盛。常见的成簇的花种类繁多，这里将对琼花进行绘制。琼花，聚伞花序生于枝端，周边都是萼片发育成的不孕花，中间为可孕花，核果呈椭圆形。

接下来将对琼花的绘制要点和绘制步骤进行讲解。

1 绘制要点

（1）了解琼花的构造特征，花朵呈聚拢状，围绕着中心的小球。

（2）注意不同朝向花朵的形状，区分前后关系。

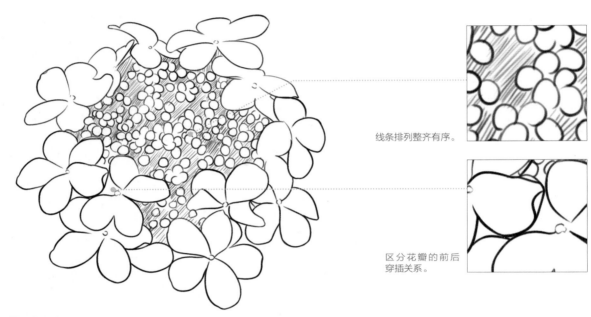

线条排列整齐有序。

区分花瓣的前后穿插关系。

2 绘制步骤

Step 01 新建一个空白画布并新建"草稿"图层，选择"硬边圆压力不透明度"画笔工具，将画笔大小设置为5像素，单击"始终对大小使用压力"选项，选择深黑红（●）绘制出几何体，确定琼花的位置。

Step 02 将"草稿"图层不透明度调成40%，绘制出琼花的大致轮廓。

Step 03 将轮廓所在图层的不透明度调成36%，绘制出花朵。

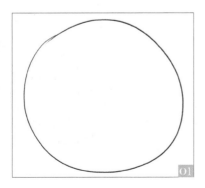

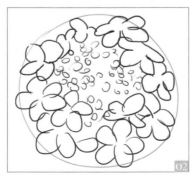

陌上花开 古风CG插画绘制技法精解（花卉篇）

Step 04 继续绘制花朵和核果，形成一个环绕关系。

Step 05 用线条使琼花形态更丰富，关闭轮廓所在图层的可见性。

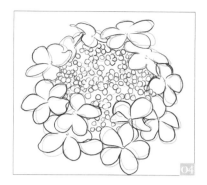

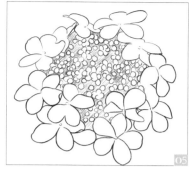

2.4.3 向日葵、康乃馨、丁香花组合

组合花卉，通过不同花的组合达到不一样的效果。接下来将对组合花卉的绘制要点和绘制步骤进行讲解。

绘制要点

（1）了解花卉的结构，运用几何图形进行构图。

（2）把握花卉整体的构图，这里用三角形构图。

区分花瓣的层叠关系。

向日葵的叶盘为椭圆形，用线条表现出立体感。

2 绘制步骤

Step 01 新建一个空白画布并新建"草稿"图层，选择"硬边圆压力不透明度"画笔工具，将画笔大小设置为5像素，单击"始终对大小使用压力"选项，选择深黑红（●）绘制出几何体，确定花卉的位置。

Step 02 将"草稿"图层不透明度调成40%，绘制出花的大致轮廓。

Step 03 将轮廓所在图层的不透明度调成36%，绘制出向日葵的花瓣。

Step 04 绘制出丁香花的花瓣，区分向日葵和水仙花的前后关系。

Step 05 对康乃馨的轮廓进行详细的绘制。

Step 06 绘制出康乃馨的外围花瓣形态。

Step 07 继续绘制康乃馨的花瓣，使康乃馨的花瓣层次更丰富。

Step 08 画出向日葵的花盘和丁香花的中心。关闭"轮廓"图层的可见性。

首先，新建"大致外形"图层，按住"Shift"键，同时选择"椭圆选框工具"并用右键单击"描边"绘制出大小适中的同心圆。接着，新建"花瓣"图层，选择"硬边圆压力不透明度"画笔工具，在上一步的基础上勾画出向日葵花瓣部分的轮廓，然后隐藏"大致外形"图层，调整并完善整体画面。

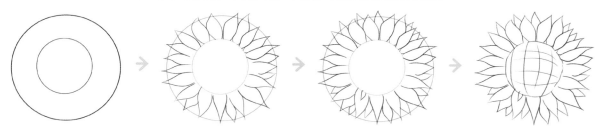

向日葵的花瓣是一层叠一层的，要注意花瓣的前后关系。

2.4.4 水仙与马蹄莲组合

绘制要点

（1）造型时可以采用多种不同视角的花卉表现空间感。

（2）注意把握好不同花卉的外形特征。

注意把握好水仙花的透视关系。

物体之间的遮挡关系要准确。

2 绘制步骤

Step 01 用几何体图形绘制出花卉的位置。

Step 02 根据位置，绘制出大体的轮廓。

Step 03 绘制出花瓶，来丰富画面。

Step 04 绘制出左边的花朵，区分前后关系。

Step 05 继续绘制花朵，把画面绘制完整并清理线条。关闭"草稿"图层的可见性。

3 绘制工具

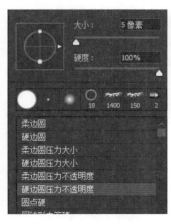

2.4.5 海棠与桃花组合

▌ 绘制要点

（1）注意叶脉部分要根据透视关系来绘制。

（2）造型时注意把海棠花和桃花的特征区分开来。

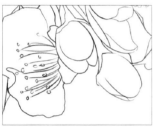

注意花朵与叶片之间的空间层次关系
要准确。

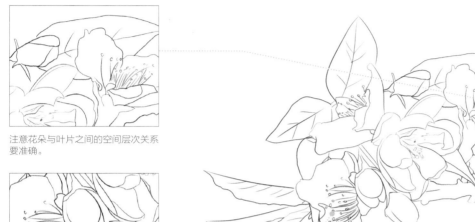

可以添加不同开放状态的花朵，如
花苞。

▌ 绘制步骤

Step 01 按照九宫格构图形式进行构图。

Step 02 根据位置，绘制出海棠花与桃花的大体的
轮廓。

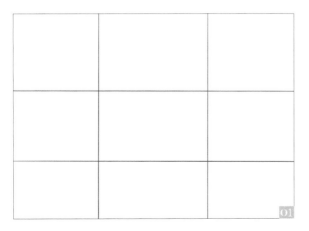

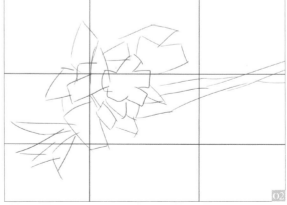

Step 03　先绘制海棠花，注意绘制出叶子的脉络。

Step 04　继续绘制桃花，把画面绘制完整。关闭"草稿"图层的可见性。

2.5 古风花卉的透视

透视是表现技法的基础，也是准确表达手绘效果图的法则，它直接影响到整个空间的真实性、科学性及纵深感。因此，掌握透视原理是画好古风插画的基础。接下来对一点透视、两点透视、三点透视及散点透视进行讲解。

$2.5.1$ 透视原理

透视图具有近大远小，近高远底，近长远短，互相平行的直线的透视交于一点的特点。

透视的基本术语如下。

基面（GP）：承载着物体（观察对象）的平面，如桌面等，在透视学中以基面为基准的水平面是默认的，而且永远处于水平状态，并与画面形成相互垂直的关系。

立点（SP）：观察者所站立的位置。

视点（EP）：人眼睛的位置。

视高（EL）：视点和立点的垂直距离。

视平线（HL）：由视点向左右延伸的水平线。

灭点（VP）：也称消失点，是空间中互相平行的透视线汇集到视平线上的交点。

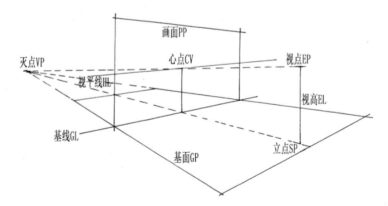

Tips

虽然基础概念很复杂，但对于初学者来说只需要记住灭点和视平线即可。

2.5.2 一点透视

一点透视又叫平行透视，是因为在透视的结构中只有一个透视消失点。下面对一点透视的基本画法和一点透视效果进行举例。

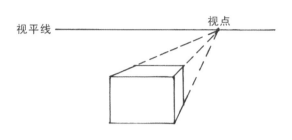
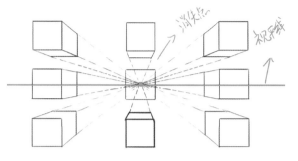

一点透视有很多可辨别的特征，如平行画面的平面保持原来的形状以及平行画面轮廓的方向不变，没有灭点。水平的保持水平，直立的仍然直立，并且一点透视表现范围广，纵深感强。

2.5.3 两点透视

两点透视又叫成角透视，是因为在透视的结构中有两个透视消失点（灭点）。下面对两点透视的基本画法和两点透视的效果进行举例。

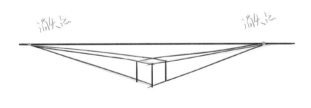

两点透视的表现效果比较自由、活泼，空间比较接近真实的感受。

2.5.4 三点透视

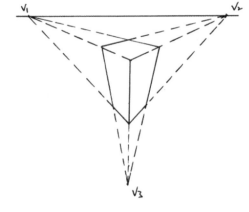

三点透视又叫斜角透视，它的第 3 个消失点必须和画面保持垂直，并且其应与视角的二等分线保持一致，如仰角透视和鸟瞰透视，这些透视都属于三点透视。三点透视有 3 个消失点，所表现的珠宝具有较强的纵深感，相对于平行透视来说更具夸张性和戏剧性，但如果角度和距离选择不当，会使画面失真变形。

下面对三点透视的基本画法和三点透视花卉的绘制效果进行举例。

Tips

三点透视常常用来表示俯视或仰视角度，可以将花卉设计表现得更富有冲击力。

2.5.5 散点透视

散点透视有多个消失点，在中国的传统山水画中比较常见，画家观察角度不是固定在一个地方，也不受视域的限制，而是根据需要，在不同立足点进行观察，然后将其组织在画面上。

下面对散点透视的基本画法和散点透视的效果进行举例。

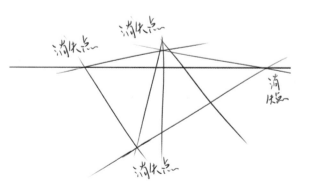

2.6 古风花卉的搭配

学习了古风花卉线条练习和古风花卉透视之后，接下来对古风花卉的搭配进行介绍。

2.6.1 搭配1：玫瑰花与月季花

古风花卉常见的搭配类型很多，其中玫瑰花和月季花都代表着真挚纯洁的爱情，因此常搭配在一起。这两种花的颜色都非常丰富，不同的颜色代表的意思也各不相同。它们的区别在于玫瑰花刺多，叶片无光泽，叶片背面有绒毛。

接下来将对玫瑰花与月季花的绘制要点和绘制步骤进行讲解。

1 绘制要点

（1）把握好花卉的构图，打好草稿，绘制出大致轮廓。

（2）了解两种花的结构。

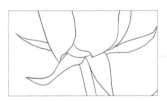

托叶大部附着于叶柄。

玫瑰花的花刺尖而细。

Step 01 新建一个空白画布并新建"草稿"图层，选择"硬边圆压力不透明度"画笔工具，将画笔大小设置为 3 像素，选择深黑红（●）绘制出几何体，确定花卉的位置。

Step 02 继续绘制出花卉的大体轮廓。思路清晰，确定好构图。

Step 03 把"轮廓"图层的不透明度调成 35%，选择黑色（●）绘制玫瑰花。注意绘制出小刺。

Step 04 继续绘制出玫瑰花的叶片。绘制时注意叶片边缘为锯齿状。

Step 05 绘制出月季花的花苞，前后关系要明确。

Step 06 继续绘制出月季花的花瓣。把花朵完善成个整体。

陌上花开 古风CG插画绘制技法精解（花卉篇）

Step 07 绘制出叶片和花蕾，清理线条，保持画面整洁。关闭"轮廓"图层的可见性。

2.6.2 搭配2：剑兰与康乃馨

剑兰与康乃馨搭配取谐音有"健康"之意，一般送给病人，它们颜色丰富，有红色、白色、粉色等。
接下来将对剑兰与康乃馨的绘制要点和绘制步骤进行讲解。

1 绘制要点

（1）学会利用枝条和树叶完善画面的构图，丰富画面内容。

（2）注意画面的构图形式，使画面有动感。

注意物体之间的遮挡关系，线条的层叠关系要准确。

把握好花朵的外形特征，线条要一步到位。

2 绘制步骤

Step 01 新建一个空白画布并新建"草稿"图层，选择"硬边圆压力不透明度"画笔工具，将画笔大小设置为3像素，选择深黑红（●）用几何体绘制出大概的轮廓。

Step 02 把"草稿"图层的不透明度调成35%，绘制出枝叶，思路清晰控制好画面位置和大小。

Step 03 继续绘制出剑兰花朵，擦除多余的线条，学会取舍。

Step 04 绘制出康乃馨，注意花朵间的遮挡关系要准确。

Step 05 绘制出不同形态的康乃馨，根据画面的需要把多余的线条擦除，使画面更美观。

Step 06 绘制出枝叶，利用枝条和叶子填充画，让画面更饱满。

Step 07 绘制出最后一朵康乃馨，把画面绘制完整。关闭"草稿"图层的可见性。

2.7 古风花卉空间与虚实关系

虚实是空间的表现也是画面中的节奏。虚实的变化是客观存在的。有了虚实关系，空间感、立体感就自然而然出来了。虚实关系是近实远虚，前实后虚。

2.7.1 桔梗花范例

接下来将对桔梗花空间与虚实关系的绘制要点和绘制步骤进行讲解。

▌绘制要点

（1）把握好明暗关系的变换。

（2）强调画面虚实关系，虚实结合。

近实远虚，近处清晰，远处模糊。

记得绘制出脉络，桔梗花的脉络清晰。

2 绘制步骤

Step 01 打开 Photoshop 软件，执行"文件"→"新建"命令，弹出"新建"对话框，将数值设为图中模式，单击"确定"按钮，一张可供使用的画布就创建完成了，即"草稿"图层。

Step 02 选择"柔边圆压力不透明度"画笔工具，将画笔大小设置为5 像素，单击"始终对大小使用压力"选项，用深黑红（●）绘制出桔梗花的草稿。

Step 03 选择"硬边圆压力不透明度"画笔工具，将画笔大小设置为5 像素，单击"始终对大小使用压力"选项，用黑色（●）绘制出桔梗花的线稿。关闭"草稿"图层的可见性。

Step 04 选择"晕染水墨"画笔工具，选择色卡为"9278e7"（●）的颜色绘制出花的底色。

Step 05 选择"硬边圆压力不透明度"画笔工具，选择色卡分别为"7cab48"（●）和"aebc42"（●）的颜色分别绘制出叶片和枝。

Step 06 选择"晕染水墨"画笔工具，选择色卡分别为"7a5fd4"（●）和"4d7621"（●）的颜色分别绘制出花朵和叶枝的阴影。

Step 07 选择色卡为"dabff8"（●）的颜色绘制花朵，丰富花朵的颜色。

Step 08 选择色卡为"c9c6ff"（●）的颜色绘制出花蕊。

Step 09 选择色卡分别为"ede5ff"（●）和"cdedae"（●）的颜色分别绘制出花朵和叶枝的亮面颜色。

Step 10 选择"硬边圆压力不透明度"画笔工具，选择色卡为"947cd6"（●）的颜色绘制出花朵的脉络。

Step 11 复制桔梗花的图层，选择"水平翻转"工具，然后按快捷键"Ctrl+T"调整大小。把橡皮擦的不透明度调整为"29%"进行适当的擦拭。

Step 12 选择色卡分别为"f4aba6"（●）"d7ecc0"（○）和"9278e7"（●）的颜色绘制背景图层。产生一种虚实关系。

Tips

变换工具的使用方法为在编辑列表里，选择变换然后再选择水平翻转来进行图像的翻转。

2.7.2 三色堇范例

三色堇，花顶生或腋生，花冠大且外形近椭圆形。通常每花有紫、白、黄3种颜色。上方花瓣为深紫堇色，侧方及下方花瓣均为三色，有紫色条纹。

接下来将对三色堇空间与虚实关系的绘制要点与绘制步骤进行讲解。

Ⅰ 绘制要点

（1）把握好构图，使画面和谐统一。

（2）上色由浅及深，逐渐加强效果。

稍微对后面的花朵进行虚化，不要绘制得太实。

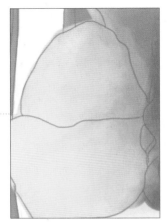

注意颜色的层次变化，过渡自然。

2 绘制步骤

Step 01　新建一个空白画布并新建"草稿"图层，选择"硬边圆压力不透明度"画笔工具，将画笔大小设置为5像素，选择深黑红（●）绘制出花朵的大致轮廓。

Step 02　选择"硬边圆压力不透明度"画笔工具，将画笔大小设置为5像素，单击"始终对大小使用压力"选项，用黑色（●）绘制出三色堇的线稿。关闭"草稿"图层的可见性。

Step 03　别选择色卡"8479d7"（●）和"609c38"（●）的颜色绘制出花朵与叶子的底色。

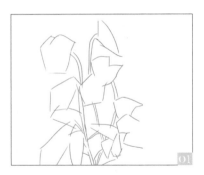

Step 04 选择"晕染水墨"画笔工具，选择色卡"21469e"（●）的颜色绘制出花朵阴影。

Step 05 选择色卡 "17715c"（●）的颜色绘制出叶子的阴影。

Step 06 选择色卡"bdbcf3"（●）的颜色绘制出花朵亮面颜色。

Step 07 选择色卡"609c38"（●）的颜色绘制叶片，丰富颜色。

Step 08 选择色卡 "ef6769"（●）的颜色绘制花瓣，丰富花朵的颜色。

Step 09 选择色卡"ffe574"（●）的颜色绘制在花朵上。

Step 10 选择色卡为"bbefab"（●）的颜色绘制出叶片的亮面颜色。

Step 11 选择色卡"207d18"（●）和"8ea0fb"（●）的颜色绘制在背景上，丰富画面。

Step 12 选择"线稿"图层，单击"锁定透明像素"按钮，选择色卡"215f0d"（●）的颜色绘制线稿，使线稿与画面更好地融合在一起，擦除部分线稿，虚化后面的花朵。

● 锁定透明像素

● 调整线稿前效果

● 调整线稿后效果

古风花卉的配色

◎ **本章要点**

在进行古风花卉配色之前，首先应该了解古风插画的用色特点以及色彩的基本知识。

本章主要介绍三原色、对比色、相近色、颜色搭配与情感表达、上色方法、古风花卉常用笔触及古风花卉配色练习等内容。

3.1 三原色

色彩中不能再分解的基本色称为原色，原色可以合成其他的颜色，而其他颜色却不能还原出本来的色彩。

三原色的分类有色光三原色和色料（颜料）三原色。在右侧色光加色法和色料减色法示意图中，左图是色光的三原色：红、绿、蓝；右图是颜料的三原色：黄、品红、青。

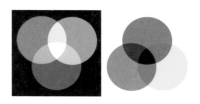

3.1.1 三原色应用原理

三原色的原理是任何颜色都可以用红、绿、蓝这 3 种颜色按不同的比例混合而成。除此之外，三原色的原理还可以通过具体分析进行详细解释。

（1）自然界的任何颜色都是由红、绿、蓝这 3 种颜色按不同的比例混合而成的，而每种颜色都可以分解成这 3 种基本颜色。

● 红　　　　　　　　　　● 绿　　　　　　　　　　● 蓝

（2）三原色之间是相互独立的，任何一种颜色都不能有其余的两种颜色。

（3）混合色的饱和度由这 3 种基本颜色的比例来决定，混合色的亮度为这 3 种颜色之和。

1 色光三原色——加色法原理

人的眼睛是根据所看见的光的波长来识别颜色的，可见光谱中的大部分颜色可以由 3 种基本色光按不同的比例混合而成，这 3 种基本色光的颜色就是红、绿、蓝。这 3 种光以相同的比例混合且达到一定的强度，就呈现白色（白光）；若 3 种光的强度均为零，就是黑色（黑暗）。这就是加色法原理，加色法原理被广泛应用于电视机和监视器等主动发光的产品中。

2 色料（颜料）三原色——减色法原理

在打印、印刷、涂漆和绘画等靠介质表面的反射被动发光的场合，物体所呈现的颜色是光源中被颜料吸收后所剩余的部分，所以其成色的原理叫作减色法原理。减色法原理被广泛应用于各种被动发光的场合，在减色法原理中的三原色颜料分别是青、品红、黄。

3 美术三原色

美术色彩的三原色是红、黄、蓝，它是人们实际感官上看到的颜色，是实际上的三原色。而美术教科书中讲的是绘画颜料的使用，色彩调色的三原色是红、黄、蓝。

美术色彩色光三原色——加色法原理：橙、绿、紫

橙	绿	紫

美术色彩颜料三原色——减色法原理：红、黄、蓝

红	黄	蓝

美术色彩三原色组成的六色体系：红、黄、蓝，橙、绿、紫，给人以实际的色彩感受，符合客观实际。而黄、品红、青是科学上精确的三原色。

黄	品红	青

一般电视等光色是红、绿、蓝，在美术实践中和生产操作中则拍的是科学上精确的三原色。

红	绿	蓝

3.1.2　三原色配色表

学习了三原色的原理之后，接下来对色光三原色和印刷/颜料三原色的配色表进行介绍。

■ 色光三原色（加色法）

（红）+（绿）=（黄）　　　　　　（蓝）+（绿）=（青）

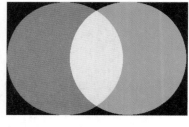
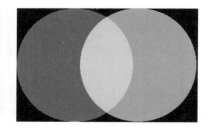

（红）+（蓝）=（品红）　　　　　（绿）+（蓝）+（红）=（白）

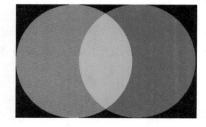
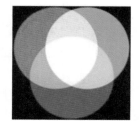

印刷 / 颜料三原色（减色法）

（青）+（品红）=（蓝）　　　　（品红）+（黄）=（红）

（黄）+（青）=（绿）　　　　（青）+（品红）+（黄）=（黑）

3.2　对比色

　　对比色是人的视觉感官所产生的一种生理现象，是视网膜对色彩的平衡。对比色是在色相环上任一直线两端相对的两种颜色（含其邻近色）。

$3.2.1$　对比色的定义

　　在色相环中每一个颜色对面（180°对角）的颜色，称为这个颜色的互补色，也是对比最强的色组。如红与青，蓝与黄，绿与品红互为互补色。把对比色放在一起，会给人强烈的排斥感。若混合在一起，会调出浑浊的颜色。

　　也可以这样定义对比色：两种可以明显区分的色彩，叫对比色。包括色相对比、明度对比、饱和度对比、冷暖对比、补色对比、色彩和消色的对比等。对比色是构成色彩效果的重要手段，也是赋予色彩以表现力的重要方法。其表现形式又有同时对比和相继对比之分。如黄和蓝、紫和绿、红和青，任何色彩和黑、白、灰，深色和浅色，冷色和暖色，亮色和暗色都是对比色关系。

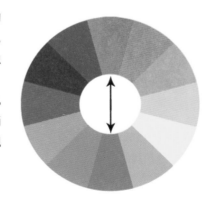

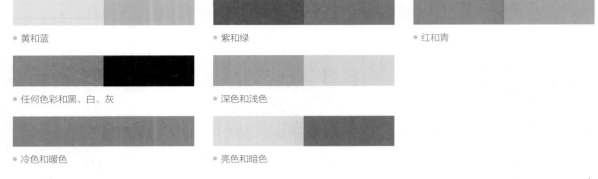

- 黄和蓝
- 紫和绿
- 红和青
- 任何色彩和黑、白、灰
- 深色和浅色
- 冷色和暖色
- 亮色和暗色

什么叫补色

　　补色是指在色谱中某种原色和与其相对应的间色所形成的互为补色关系，也称余色。原色有3种，即红、黄、蓝，它们是不能再分解的色彩单位。三原色中每两组相配而产生的色彩称为间色，如红色加黄色为橙色，黄色加蓝色为绿色，蓝色加红色为紫色，橙色、绿色、紫色就称为间色，而红与绿、黄与紫、蓝与橙就是互为补色的关系。由于补色有强烈的分离性，故在色彩绘画的表现中，在适当的位置恰当地运用补色，不仅能加强色彩的对比，拉开距离感，而且能表现出特殊的视觉对比与平衡效果。

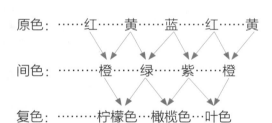

补色的运用

3.2.2　对比色的运用

　　在服装、建筑、家居、美术和广告等设计中越来越多地运用到了对比色。艺术设计中对比色的应用也越来越重要了。如黑白，红绿，蓝黄等经典对比色更是在各行各业经常被用到。

　　在对比色的运用中有互补色对比、对比色对比及中差色对比等。

1　互补色对比

　　指在色相环上距离180°左右的颜色组对比，视觉效果强烈、刺激，色彩对比达到最大的程度。

2　对比色对比

　　指24色相环上间隔120°左右的三色对比。例如，品红、黄、青，橙红、黄绿、蓝，黄橙、青绿、紫等颜色，视觉效果饱满华丽，让人觉得欢乐活跃，容易让人兴奋激动。

3　中差色对比

　　指在24色相环上间隔90°的颜色对比，效果比较明快。

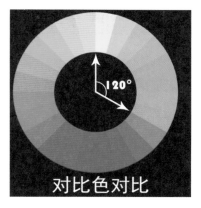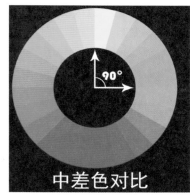

互补色对比　　　　对比色对比　　　　中差色对比

3.3 相近色

相近色也就是类似色，是在色轮上 90° 角内相邻接的颜色的统称。常见的相近色很多，如红、红橙、橙，黄、黄绿、绿，青、青紫、紫等。

世界上的色彩千千万，为了便于了解描述，我们将相近色分为很多种类型，如同种色、同类色和类似色等。接下来对各种类型的色彩进行详细介绍。

1 同种色

同种色是指属同一色相但明度不同的颜色，如将翠绿色加白或加黑出现的许多深浅不同的绿色，这深浅不同的绿色即为同种色。

2 同类色

两种以上的颜色，其主要的色素倾向比较接近，如红色类的朱红、大红和玫瑰红，都主要包含红色色素，称为同类色。其他如黄色类中的柠檬黄、中铬黄和土黄，蓝色类的普蓝、钴蓝、湖蓝和群青等，都属同类色关系。

3 类似色

类似色是指在色环上任意 60° 角以内的颜色，各色之间含有共同色素。

4 邻近色

邻近色是指在 24 色相环上任选一色，与此色相距 90°，或者彼此相隔五六个数位的两种颜色。

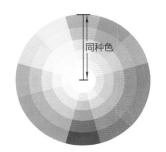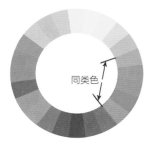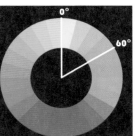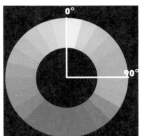

同种色　　　同类色　　　类似色　　　邻近色

从同类色、类似色和邻近色的含义来看，它们都含有共同色素，采用此类色彩搭配给人以统一且和谐的感觉。

3.4 颜色的搭配与情感表达

色彩是一门独立的艺术,具有独立的艺术审美性。色彩也是情感的语言,不同的色彩有着不同的情感,不同的色彩能够表达人们心中不同的感受,并能够通过视觉传递。接下来对色彩搭配和情感表达进行详细讲解。

3.4.1 颜色的搭配

在进行颜色搭配时,首先要认识到在每个主要色相当中都有着两种冷暖不同的颜料。在红色类颜料中,暖的有橘红和纯红,冷的有深红和玫瑰红;在黄色类颜料中,暖的有橘黄和土黄,冷的有柠檬黄和浅黄;在绿色类颜料中,暖的有橄榄绿和黄绿,冷的有淡绿和草坪绿;在蓝色类颜料中,暖色有湖蓝和普蓝,冷色有天蓝和群青。调冷色时要用偏冷的颜料调配,调暖色时要用偏暖的颜料调配。

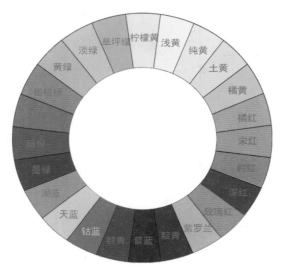

1 暖色调系列的配色

古典绘画,特别是人物画,大多数是在暖色系列色的基础上取得色彩的调和。经常被使用的是金黄色调和棕色调,画面以褐色、赭色、橙黄和红色为主,给人以温暖、热烈的感觉。另一种情况是,有的画家的画面上虽然多采用蓝色、绿色,但是都是暖蓝(发绿的蓝、泛蓝的绿),也能给人以暖色调的感觉。

赭石	朱红	藤黄
花青	石青	石绿

2 冷色调系列的配色

关于冷色调有两种说法,具有两种不同含义。一种是指画面以蓝色、绿色、紫色为主组成的冷色造成的宁静、雅致的气氛,这是常用的比较单纯的含义。另一种含义的冷色调是指尽管有些画的画面使用了许多红色类、黄色类的暖色,但是用得多是冷红(如倾向于玫瑰红、紫红的颜色)、冷黄(如倾向于柠檬黄的颜色),这些颜色组成的画面也给人冷静的感觉,所以也称为冷色调,这是一种比较难以掌握和使用的色调。绘画的色调从纯度上可以区分为浓艳的高纯度调子、柔和的中间纯度色组合的调子和朴素近黑白灰的低纯度调子。

天蓝	淡绿	纯紫
玫瑰红	群青	淡黄

3.4.2 情感表达

不同的色彩给人的感觉也不相同，下面对不同色彩情感的表达进行介绍。

1 兴奋色与沉静色

一般红、橙、黄等鲜明的暖色使人兴奋；青绿、青紫、青给人以沉静的感觉。

2 轻色与重色

浅淡的颜色给人以轻快的感觉，低明度深重的浓色给人以沉闷的感觉。重色在下轻色在上，使人觉得安定；轻色在下重色在上，则给人不稳定的感觉。

兴奋色　　　　　　　沉静色　　　　　　　轻色　　　　　　　重色

3 艳丽色与朴素色

明度、纯度高的颜色给人以艳丽的感觉；明度、纯度低的颜色给人以朴素无华的感觉。

4 前进色与后退色

处在同一平面上的颜色，有的颜色使人感觉突出，有的颜色使人感觉退向后方。前者称为前进色，后者称为后退色，一般的暖色如红、黄有前进感；冷色如青、绿有后退感。浅底子上的小块深色感觉向后，而深底子上的小块浅色给人的感觉则相反。房间的墙壁及屋顶涂上后退色会感觉屋子宽敞、高大。

艳丽色　　　　　　　朴素色　　　　　　　前进色　　　　　　　后退色

5 膨胀色和收缩色

有些颜色看起来比实际大，有些看起来比实际小（如右图所示，同样宽度的绿色与橙色，橙色条纹看起来更宽）。前者称为膨胀色，后者称为收缩色。膨胀色与前进色一致，暖色、明亮色显得大；收缩色与后退色相一致，冷色、暗色显得小。白底子上的黑色显得小；黑底子上的白字显得大。穿深色、冷色衣服的人显得瘦；穿浅色、暖色衣服的人显得胖。

膨胀色

收缩色

3.5 上色方法

在古风 CG 插画中上色是非常重要的一部分，同一张线稿，不同的上色方法所画出来的效果图也就不同。下面主要讲解一些在上色过程所要用到的、比较基本的上色方法。

3.5.1 平涂

平涂法有两种：一是勾线平涂，二是无线平涂。勾线平涂是平涂与线结合的一种方法，即在色块的外围，用线进行勾勒、组织形象，这是勾线平涂最常用的方法。无线平涂是利用色块之间的关系（明度关系、色相关系、纯度关系）产生一种整体的形象感，并不依靠线组织形象。

| 平涂法的绘制技巧 |

首先，新建"线稿"图层，选择"铅笔"画笔勾画出花卉具体的轮廓，确定造型。接着，新建"上色"图层，选择"圆水彩"画笔工具，采用平涂法以色块的形式绘制出花卉的底色、暗部和亮部等，塑造体积感。

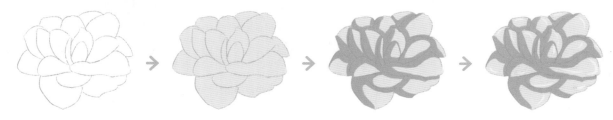

平涂上色过程中一般也会出现错误，下面将根据错误范例，针对常见的错误进行分析。

在线稿范围内均匀地平铺上色，使画面均匀平整。不要超出，也不要有空缺。

平涂上色时，要参照光源的方向与线稿的结构来进行色块的填充。

平涂上色时，笔法要干净利落，色块分割明确。切忌断断续续。

3.5.2 叠色

叠色是指不同色彩的重叠，也是多种颜色的复加。叠色一般分为邻近色（或同色系）叠加、对比色叠加、深色叠加以及浅色叠加。接下来通过实例介绍具体画法。

首先，新建"线稿"图层，选择"铅笔"画笔勾画出花卉大体的轮廓。接着，新建"上色"图层，选择"圆水彩"画笔工具绘制出花卉的底色。然后，选择"晕染水墨"画笔工具依次刻画暗部和亮部，并表现光源色和环境色，增添色彩的层次变化，完成绘制。

● 勾画线稿　　　　　　　● 填充底色　　　　　　　● 暗部叠色

● 光源色和环境色叠色　　● 亮面叠色

下面将根据错误范例，针对常见的错误进行分析。

颜色叠加太多，画面看起来显脏。

刻画对比色（互补色）时，中间加入的颜色影响到其他颜色。

刻画阴影时没有参照光源方向和花卉的结构，在浅色上叠加深色时，浅色不够突出，被深色完全遮盖住。

在浅色上叠加浅色时，顺序错误，叠加的面积过大。

刻画邻近色（同色系）时过渡不自然，重叠的部分不明显。

叠加上色时颜色太深、太暗。

3·5·3 渐变色

渐变色是指某个物体的颜色被柔和晕染开来的色彩，从明到暗，或由深转浅，或从一个色彩过渡到另一个色彩，充满变幻无穷的神秘浪漫气息。接下来通过实例介绍具体画法。

| 渐变色的绘制技巧 |

首先，新建"线稿"图层，选择"铅笔"画笔勾画出花卉大体的轮廓。接着，新建"上色"图层，选择"圆水彩"画笔工具绘制出花卉的底色。然后，选择"晕染水墨"画笔工具依次刻画暗部和亮部，并表现光源色和环境色。最后，刻画花蕊部分的色彩变化，注意把握好色彩的晕染，过渡要自然。

● 勾画线稿　　　　　　　　　　　● 填充底色　　　　　　　　　　　● 暗部叠色

● 光源色和环境色渐变　　　　　　● 花蕊渐变

下面将根据错误范例，针对常见的错误进行分析。

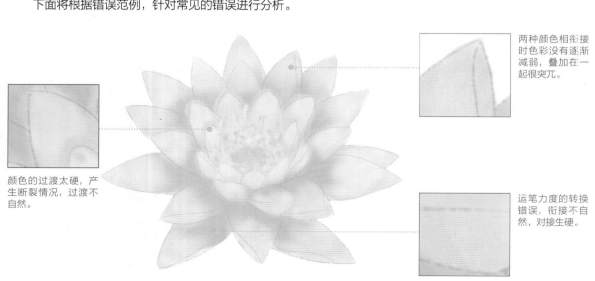

两种颜色相衔接时色彩没有逐渐减弱，叠加在一起很突兀。

颜色的过渡太硬，产生断裂情况，过渡不自然。

运笔力度的转换错误，衔接不自然，对接生硬。

陌上花开　古风CG插画绘制技法精解（花卉篇）

3.5.4 单色的晕染

作画时如水墨一般，颜色从厚到薄，从浓到浅要不留痕迹，谓之晕染。单色的晕染是指根据花卉的特征和结构通过选取同类色和邻近色来表现出花卉的神采。单色晕染也要有层次感，可以用明暗对比法和纯度对比法来表现花卉结构，不要简单地涂成一个平面。接下来通过实例介绍具体画法。

单色晕染的绘制技巧

首先，新建"线稿"图层，选择"铅笔"画笔工具勾画出花卉大体的轮廓。接着，新建"上色"图层，选择"魔棒工具"和"填充工具"绘制出花卉和背景部分的底色。然后，选择"晕染水墨"画笔工具依次刻画暗部和亮部的晕染。最后，调整并完善画面，完成绘制。

○ 勾画线稿

○ 填充底色

○ 暗部晕染

○ 亮面晕染

下面将根据错误范例，针对常见的错误进行分析。

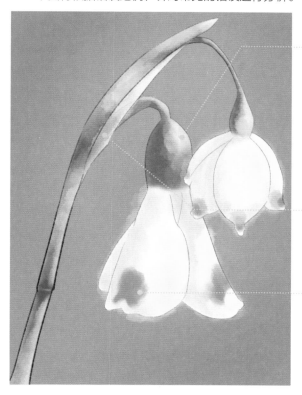

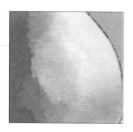

晕染时颜色的墨迹画成一团。

晕染时花卉的结构和明暗层次没有把握好，明暗关系没有区分开。

单色晕染选取邻近色时颜色太重。

3·5·5 叠加色的晕染

叠加色的晕染是指用丰富的色彩来表现花卉的神采。在色彩的运用上，应该注意的是色彩运用要和谐且必要得当。在使用的多种颜色中要确定一个主色调，要把握好主色调的运用以及作为陪衬、点缀用的其他色彩的形状和所占用的面积，以及与主色调的关系色彩之间的明暗对比、纯度对比和色相对比变化均不能脱离这个主色调，以达到整体的和谐统一。接下来通过实例介绍具体画法。

| 叠加色晕染的绘制技巧 |

首先，新建"线稿"图层，选择"硬边圆压力不透明度"画笔工具准确勾画出多肉植物大体的轮廓，注意厚度的表达，线条要自然流畅。接着，新建"上色"图层，选择"圆水彩"画笔工具绘制出多肉植物的底色。然后，选择"晕染水墨"画笔工具依次叠加出暗部和亮部，注意色彩的晕染要自然，层次变化要丰富。

● 勾画线稿　　　　　　● 填充底色　　　　　　● 暗部叠加晕染　　　　　　● 亮面叠加晕染

下面将根据错误范例，针对常见的错误进行分析。

在叠加色的晕染中要确定一个主要的色调。忌颜色主次不分。

为陪衬、点缀的颜色要少、浅、淡、暗。忌颜色太浓烈，色块面积太大。

3·5·6 阴影的晕染

阴影的晕染是指用晕染的手法来表现花卉的阴影。表达花卉的阴影时要根据花卉的结构和光源的方向进行绘制。接下来通过实例介绍具体画法。

首先，新建"线稿"图层，选择"常用水墨"画笔工具勾画出花卉大体的轮廓，注意花瓣的叠加关系。接着，选择"魔棒工具"和"填充工具"绘制出花卉和背景部分的底色。然后，选择"晕染水墨"画笔工具依次刻画暗部、亮部以及阴影，加强颜色明暗对比，凸显体积感，完成绘制。

○ 勾画线稿　　　　　　　● 填充底色　　　　　　　● 暗部晕染　　　　　　　● 阴影晕染

下面将根据错误范例，针对常见的错误进行分析。

画面光源不统一，颜色平涂且没有体积感。

没有观察花卉的结构，阴影关系错乱。

阴影的晕染不够明显，没有分界线。

3·5·7　分层着色

分层着色指在给花卉上色时每添加一层颜色都要放在单独的一个图层上，这样可以更好、更便捷地对作品进行后期的变换修改，无论是添加、删减、修改或叠加颜色等都不会影响到其他的图层。

👁	🔲	线稿	🔒
👁		花朵的高光	
👁		花朵的阴影	
👁		花朵的外深色	
👁		花朵的内阴影	
👁		花朵的内深色	
👁		花朵的内过渡	
👁		花朵的深色	

👁		花朵的深色
👁		花朵的底色
👁		叶子的高光
👁		叶子的阴影
👁		叶子底色
👁		背景
👁		图层 0 🔒

🔗 *fx* ▢ ◉ ▱ ▭ 🗑

● 绘制花朵的图层　　　　　　　　● 绘制叶子的图层

3.6 古风花卉常用笔触

在绘制古风花卉 CG 插画时，通常会用到一些不同效果的画笔，下面主要针对这些画笔的基本笔触及具体运用效果进行举例。

画笔特性	画笔大小	基本笔触	具体范例
"铅笔"： 这种画笔没有笔锋，呈圆角状态，颜色均匀，没有起伏变化，比较适合绘制简单的、没有太多技术含量的画作	9 像素		
"硬边圆"： 这种画笔画出的线条是由无数个圆按照一定间距组合而成的，线条两面有波动，比较适合大面积地铺色。在古风花卉插画中一般用来上底色	200 像素		
"柔边圆压力不透明度"： 这种画笔没有准确的轮廓线，边缘呈渐隐的效果，很适合用来画渐变，呈现出颜色过渡的效果	50 像素		
"硬边圆压力不透明度"： 这种画笔两端呈颜色递减模式，但又有具体的轮廓，无论是用来画线稿还是上底色都是一个很好的选择	8 像素		
"通用勾线"： 这种画笔具有笔锋，勾画线条时十分锋利流畅，几乎适用于所有画作的勾线，也可以用来刻画金属和点缀高光	9 像素		
"常用水墨"： 这种画笔周边具有毛刺一样的晕染痕迹，笔锋非常锋利，用来勾线，使用范围十分广泛，能胜任几乎所有勾线方式	9 像素		
"晕染水墨"： 这种画笔周边晕染的痕迹十分明显，两端颜色逐渐递减，适用于阴影的刻画和水墨背景的绘制	70 像素		

画笔特性	画笔大小	基本笔触	具体范例
"咸水彩" 50 这种画笔有种水油性的质感，适合给具有油性质感的叶子上色	90 像素		
"圆水彩" 25 这种画笔的效果图与"晕染水墨"画笔的效果图非常相似，但是两端的颜色渐隐效果没有"晕染水墨"画笔的效果明显，且晕染效果不是很强烈，两种画笔的作用差不多，可根据个人喜好选择	25 像素		
"水彩大溅滴" 30 这种画笔由多个大小不一的柔边圆组成，产生一种空间感。在绘画时可以用做点缀使用，增强画面的美感	30 像素		
"喷洒" 500 这种画笔是由无数小点不规则组合而成，可用来刻画花蕊的花粉或者点缀画面	100 像素		
"点缀1" 30 这种画笔由多个大小不一的柔边圆组成，笔效与"水彩大溅滴"画笔的笔效非常相似，但是柔边圆要比"水彩大溅滴"画笔更小，且距离更远，没有空间感，适合用来增添画面的氛围	30 像素		

3.7 古风花卉配色练习

在给花卉进行配色时，我们除了多观察实物图外，还可以借鉴古风作品的配色方案。

中国画作中用色彩与水墨搭配出悠扬清丽的画面效果，注重画面的意境表达，所以画面中颜色多变，并不拘泥于固有色，其中也有大量的留白用于表现意境，有时甚至只用单色来绘制。

古代画作中常用的几种颜色有胭脂、朱砂、朱膘、赭石、花青、石青、石绿、藤黄和白粉等。古代丹青用色种类繁多，可以根据这几种常用的颜色稍加调整，变化出多种颜色使用，也可以找相关的古风颜色表进行参考。下面对常见的古风用色进行介绍。

胭脂（9d2933　　）：色暗红。此颜色多用来绘制花朵。

朱砂（f9461d　　）：色朱红。此颜色用于绘制花卉和禽鸟羽毛。

朱膘（f36838　　）：色橘红。明度比朱砂高，彩度比朱砂低。此颜色用于绘制花卉。

赭石（855a33　　）：色红褐。此颜色用于绘制山石、树干和老树叶等，使用范围十分广泛，古代有些丹青画派甚至只用墨色和赭石进行上色。

花青（003471 ███ ）：色藏青。此颜色多用于绘制树枝、山石和水纹。

石青（1685a9 ███ ）：色青，依深浅程度可分为头青、二青、三青。此颜色用于绘制草木叶子或山石。

石绿（16a951 ███ ）：依深浅可分为头绿、二绿、三绿。此颜色用于绘制山石、树干、叶和点苔等。

藤黄（ffb61e ███ ）：色明黄。此颜色用于绘制花卉和枝叶。

白粉（fff2df ███ ）：亦称胡粉，色白。此颜色用于绘制白花、鸟，或调配其他颜色使用。

在给花卉进行配色时，要注意画面整体色调的表达。以下做了几个配色案例供大家参考。

这个案例的配色方案采用的是明度一致的对比色搭配。为了避免色相相撞形成的强烈冲突感，这里采用了大面积的红色和小面积的黄色、橄榄褐色进行搭配。因3种颜色明度一致，所以整体上达到了和谐统一的效果。

这里采用了色相一致的同种色搭配。色相一致的顺色是最容易掌握的搭配方式，但是也容易形成枯燥简单的感觉，因此需要在取色和比例等方面更加考究。如此画面使用的色彩为统一的绿色调，但在明度和纯度上有所差异。

这个案例采用的是明度一致的对比色搭配。这里运用了纯度较高的黄色和纯度较低的蓝色减小了补色之间的排斥性。达到了整体上和谐统一的效果。

这里采用的是纯度明度相同的邻近色搭配。因为同为邻近色，所以都含有共同的色素，在使用时就不会有太大的冲突。

这里采用的还是明度和纯度一致的邻近色搭配，在运用的过程中橙色是主色调，绿色是辅助色，褐色是点缀色，因为面积大小比例不同而形成了一种和谐稳固的搭配。

这里采用的是邻近色搭配，因颜色的明度和纯度都不相同，所以不会产生色相上的冲突，这样既达到了和谐统一，又不会使画面看起来死板。

结合实物图，这里使用的是色相上有着强烈冲突的红绿色撞色搭配。画面整体的色彩热烈、欢快、明亮，但是其中又各加入了明度互不相同的红色和绿色，所以不会给人突兀的感觉。

这里结合实物图，采用的还是对比色搭配，但是明度和纯度都有所降低，在颜色搭配的面积上使用得当，从而使画面整体赏心悦目。

这里采用的是邻近色的顺色搭配，用清浅的蓝色来修饰白色花朵，在颜色修饰的过程中纯度和明度都有所变化，从而达到整体的和谐统一。

这里采用了明度相差比较大的邻近色搭配。主打绿色调，用明度相差较大的黄色来点缀，形成一个对比，但面积比例所占不大，所以不会显得突兀，以达到整体的统一。

◎ **本章要点**

前面学习了古风插画基础知识、古风花卉绘制基础以及古风花卉的配色，接下来对古风花卉不同结构的表现进行讲解。

本章主要介绍花的结构，花蕊的画法，花冠的画法，花序的画法，花苞的画法及叶片的画法。

4.1 花的结构

完整的一朵花一般由花柄、花冠、花萼、花托和花蕊组成，而花蕊又有雄蕊和雌蕊之分，其中雌蕊包括柱头、花柱和子房，雄蕊包括花药和花丝。

虽然花的形状千姿百态，样式繁多，但是所有的花都有相同的结构组成形式。下面对花的结构进行分析。

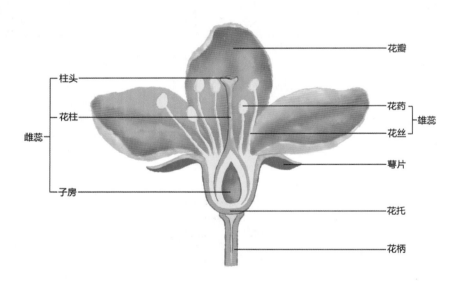

4.2 花蕊的画法

花蕊是花的重要组成部分，根据具体的生长变化情况可以分为不同的类型。下面对常见的离生雄蕊、单体雄蕊、多体雄蕊、聚药雄蕊、二强雄蕊、四强雄蕊以及雌蕊的画法进行讲解。

4.2.1 离生雄蕊

离生雄蕊指花中有多枚雄蕊但彼此分离。此类花卉一般有花瓣 5~10 片，雄蕊 2~3 轮，子房无毛或被毛，有 3 条花柱。

常见的离生雄蕊花卉有莲花和小麦等。下面对莲花离生雄蕊的画法进行讲解。

1 绘制要点

（1）注意把握好莲花离生雄蕊的外形特征。

（2）上色时注意颜色的渐变层次及体积感的表现。

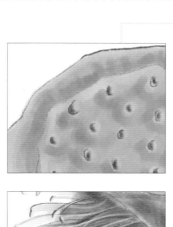

莲蓬顶端要通过颜色的明暗对比关系表现出凹陷效果。

花蕊的线条要轻松随意、长短不一，表现出生动活泼的感觉，层次变化要丰富。

2 绘制步骤

Step 01　打开 Photoshop 软件，执行"文件"→"新建"命令，弹出"新建"对话框，新建"线稿"图层。选择"常用水墨"画笔工具，选择深灰色"434540"（●）绘制出莲蓬及花蕊的轮廓。

Step 02　新建"莲蓬底色"图层，选择"圆水彩"画笔工具，选择黄色"cab766"（●）和草绿色"83a637"（●）绘制出莲蓬的底色。

Step 03　新建"莲蓬顶面细节"图层，选择"晕染水墨"画笔工具，选择深黄色"b6b128"（●）和橄榄绿"667d34"（●）表现明暗关系，并刻画莲子。

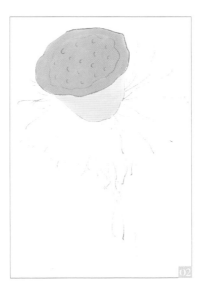

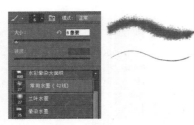

● "常用水墨"画笔效果

● "晕染水墨"画笔效果

Step 04　新建"莲蓬底部暗面"图层，选择褐色"925c3b"（●）绘制出暗部，凸显体积感，注意保留画笔的笔触效果。

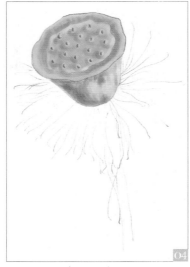
04

Step 05　新建"花蕊底色"图层，选择深鲜肉色"c77a5f"（●），在线稿的基础上绘制出花蕊的底色。

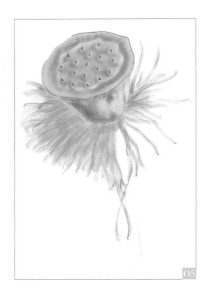
05

Step 06　新建"花蕊深色"图层，选择深褐色"74412f"（●）绘制出花蕊暗部的颜色，注意不要完全遮盖住上一步的颜色。

Step 07　新建"花蕊细节"图层，把画笔设置为8像素，选择浅黄色"f0d1af"（●）勾画出花蕊的亮色，并刻画花药部分。

Step 08　新建"花柄上色"图层，选择草绿色"83a637"（●）绘制出花柄的底色，选择黄绿色"aabb54"（●）和橄榄绿"617437"（●）刻画亮面和暗面的颜色。调整并完善画面，完成绘制。

06

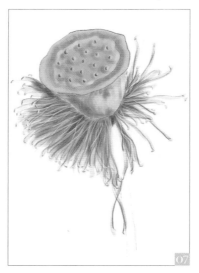
07

08

Tips

　　上色时画笔像素大小的设置可以根据需要灵活变化，按键盘上的"【"键可以快速缩小画笔的像素，按"】"键可以快速放大画笔的像素。

4.2.2 单体雄蕊

　　单体雄蕊的植物，一朵花的内部有多枚雄蕊且花药完全分离，但花丝之间彼此连接成筒状，包围在雌蕊的外面。

　　常见的单体雄蕊植物有棉花、木芙蓉和锦葵等。下面对扶桑花单体雄蕊的画法进行讲解。

1 绘制要点

　　（1）注意把握好单体雄蕊的外形特征，对结构要交代清楚。

　　（2）造型要生动，细节刻画要到位。

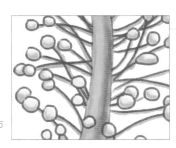

注意把握好花蕊的生长方向，前后遮挡关系要准确。

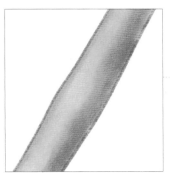
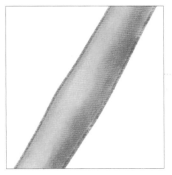

上色时要通过颜色的深浅变化来区分明暗关系，凸显体积感。

2 绘制步骤

Step 01　新建一个空白画布并新建"线稿"图层，选择"常用水墨"画笔工具，选择深灰色"434540"（●）绘制出单体雄蕊主体部分的轮廓。

Step 02　继续绘制出花药部分的大体形状，这里用圆形进行概括处理。

Step 03　用轻松的线条勾画出花丝的轮廓，完善线稿。

Step 04 新建"上色 1"图层，选择"圆水彩"画笔工具，选择"e096aa"（●）绘制出花蕊主体部分的底色。

Step 05 在同一个图层用同样的颜色勾画出花丝的颜色。

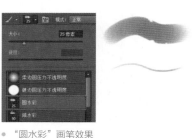

● "圆水彩"画笔效果

Step 06 新建"上色 2"图层，选择黄色"f7cd48"（◐）和深红色"a31417"（●）绘制出圆形花药的底色。

Step 07 新建"上色 3"图层，选择深黄色"dc8609"（●）和深紫罗兰红"9c3c58"（●）刻画暗部及细节。选择"线稿"图层并锁定透明像素，选择深褐色"6c421a"（●）和深紫红色"7b2941"（●）调整线稿的颜色，使整个画面看起来更加和谐统一。

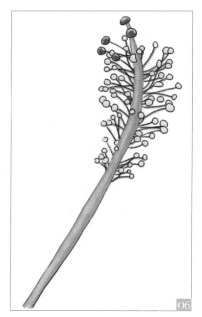

4.2.3 多体雄蕊

一朵花中有多枚雄蕊且花丝之间连合在一起的就是多体雄蕊，它由花丝和花药两部分组成，在花托上呈轮状或螺旋状排列。

常见的多体雄蕊植物的代表有金丝桃和代代花等。下面对多体雄蕊的画法进行讲解。

▌ 绘制要点

（1）线稿主要起到辅助作用，勾画时线条要轻松，可以适当断开，不要画得过实。

（2）注意把握好整体色调，颜色的层次变化要丰富。

注意花蕊层次感的表现。

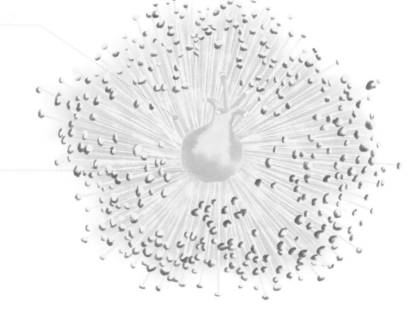

注意球体结构体积感的表达。

2 绘制步骤

Step 01 新建一个空白画布并新建"线稿"图层,选择"常用水墨"画笔工具,选择灰色"928e87"(●),从局部入手,绘制出多体雄蕊主体部分的轮廓。

Step 02 用圆圈绘制出花药的大体轮廓,注意其分布位置和疏密变化。

Step 03 根据透视关系,用轻松的线条画出花丝的轮廓,完善线稿。

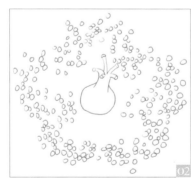

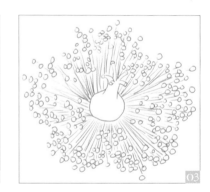

| 花药的绘制技巧 |

先选择"铅笔"画笔工具,绘制出 3 个大小各异的椭圆形,再在上一步的基础上多绘制出几个椭圆形,然后在周围继续添加椭圆形。注意分布位置、疏密变化以及前后的遮挡关系。

先画出一个圆形表示花朵的中心部分，并以此为参照，再用直线绘制出圆形的坐标轴（横向和竖向），然后在此基础上继续绘制出不同倾斜角度的线条，并标注指示箭头。

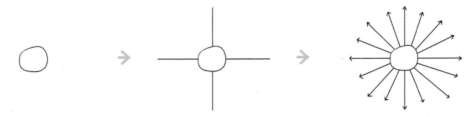

Step 04 新建"主体上色"图层，选择"圆水彩"画笔工具，选择黄色"e1de03"（●）绘制出底色。

Step 05 新建"主体细化"图层，选择黄绿色"a29e05"（●）刻画主体部分的暗面，选择青草绿"9ac80c"（●）为局部添色，丰富画面的色彩。

Step 06 新建"雄蕊深色"图层，选择"晕染水墨"画笔工具，选择土黄色"cca211"（●）绘制出底色。

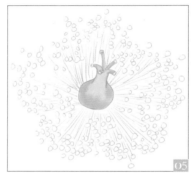

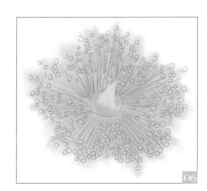

Step 07 新建"雄蕊固有色"图层，选择"圆水彩"画笔工具，把画笔设置为10像素。选择黄色"efdc04"（●）用线条的形式勾画出花丝，初步交代结构。

Step 08 新建"花丝高光"图层，选择亮黄色"fbf09a"（●）绘制出花丝的亮面部分。

Step 09 新建"花药底色"图层，选择"圆水彩"画笔工具，选择亮黄色"fbf09a"（●）绘制出花药的底色。

Step 10　新建"花药暗部"图层，选择深褐色"7c4f08"（●）绘制出花药的暗部，加强颜色的明暗对比，体现体积感。

Step 11　关闭"线稿"图层的可见性，让画面看起来更加生动细腻。调整并完善整体画面，完成绘制。

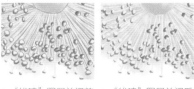

● "线稿"图层关闭前　● "线稿"图层关闭后

4.2.4　聚药雄蕊

聚药雄蕊属于合生雄蕊，这种类型的植物，每朵花的内部有 5 枚雄蕊，花丝之间互相分离，花药之间聚合为一体，相互连接成筒状并环绕在花柱上。

常见的聚药雄蕊植物有菊科植物和葫芦科植物，如向日葵和红花等。下面对聚药雄蕊的画法进行讲解。

■　绘制要点

（1）构图时注意把握好聚药雄蕊的外形特征。

（2）上色时注意颜色的合理搭配以及层次的叠加。

注意花的体积感的表达，要把暗面和亮面区分开。

注意花丝之间的前后遮挡关系，线条的叠压要准确。

Step 01 新建一个空白画布并新建"线稿"图层，选择"硬边圆压力不透明度"画笔工具，选择深红灰"39282e"（●），从局部入手绘制出花药部分的轮廓。

Step 02 以花药为参照，用轻松随意的线条绘制出 5 条花丝的轮廓。

Step 03 继续画出底部的轮廓，完善线稿。

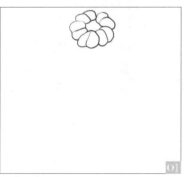

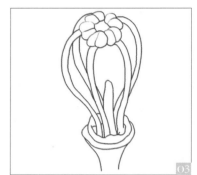

Step 04 新建"花药底色"图层，选择"常用水墨"画笔工具，选择紫灰色"413750"（●）绘制出花药的底色。

Step 05 新建"花药细化"图层，选择"晕染水墨"画笔，选择深紫色"261c38"（●）和浅紫色"8775a9"（●）绘制花药的暗面及亮面，交代明暗关系，凸显体积感。

| 花药的绘制技巧 |

先新建"轮廓辅助"图层，选择"铅笔"画笔工具绘制出两个大小适中的同心椭圆形，再新建"线稿"图层，在"轮廓辅助"图层的基础上准确绘制出各个方向的花药的轮廓，然后关闭"轮廓辅助"图层的可见性，调整并完善整体画面。

Step 06 新建"花丝上色"图层，选择"常用水墨"画笔工具，选择黄色"fde669"（ ）画出花丝的固有色。

Step 07 新建"花丝暗部"图层，选择"晕染水墨"画笔工具，选择土黄色"bb9d3e"（ ）加深花丝的暗部，塑造体积感。选择草绿色"778f4a"（ ）画出底部的固有色。

Step 08 新建"底部细节"图层，选择"晕染水墨"画笔工具，选择橄榄绿"50612c"（ ）和浅黄绿色"edf49f"（ ）刻画底部的明暗关系及色彩变化。

Step 09 锁定"线稿"图层的透明像素，选择"柔边圆压力不透明度"画笔工具，选择深卡其色"7f6b2f"（ ）和 深灰橄榄绿"4b5734"（ ）修改花丝和底部线条的颜色，让整个画面看起来更加融洽。

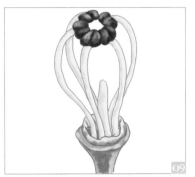

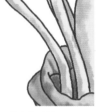
● 线条修改前

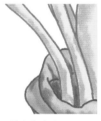
● 线条修改后

4.2.5 二体雄蕊

　　二体雄蕊类型的花卉一般由花丝联合成数目不等的两束，每朵花有 10 枚雄蕊。其中 9 枚花丝是互相连接的，1 枚是分离的；或者每 5 枚花丝相互连接，分成 2 组。

　　常见的二体雄蕊植物有很多，如紫穗槐和大豆等。下面对二体雄蕊的画法进行讲解。

■ 绘制要点

　　（1）注意把握好二体雄蕊的外形特征。

　　（2）注意颜色的层次关系及细节的修饰。

物体之间的遮挡关系要准确，花药的形状要灵活多变，不要画得过于呆板。

上色时注意叶片光源色的表达。

2 绘制步骤

Step 01 新建一个空白画布并新建"花药花丝线稿"图层，选择"常用水墨"画笔工具，选择深灰色"434540"（●）绘制出二体雄蕊主体部分的轮廓。

Step 02 继续画出花药等部分的轮廓，完善线稿。

Step 03 新建"主体底色"图层，选择"常用水墨"画笔工具，选择黄绿色"b2ab56"（●）给二体雄蕊的主体部分铺上底色。

Step 04 新建"主体深色"图层，选择"晕染水墨"画笔工具，选择深草绿"7d8c26"（●）绘制出暗面的颜色。

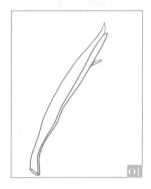 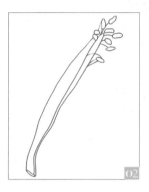 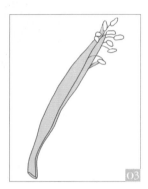 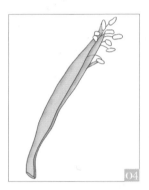

Step 05 新建"主体亮色"图层，选择亮黄色"fff478"（●）简单表现亮面，增添颜色的层次，加强明暗对比。

Step 06 新建"花药花丝底色"图层，选择"常用水墨"画笔工具，选择较深的灰褐色"3a2b10"（●）绘制出花药和花丝的底色，注意通过颜色的深浅变化简单交代明暗关系。

Step 07 新建"花药花丝晕染"图层，选择深棕红"492606"（●）丰富花药暗部的颜色，并加强体积感。

Step 08 锁定"线稿"图层的透明像素，选择"柔边圆压力不透明度"画笔工具，分别选择深褐色"2e1c09"（●）和深灰绿"6e7037"（●）调整花药和主体部分的颜色，使整体画面看起来更加和谐。

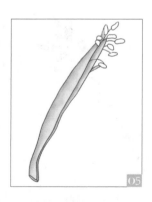   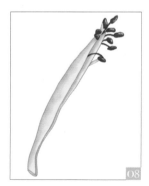

● "花药花丝线稿"图层修改前　　● "花药花丝线稿"图层修改后

新建"线稿"图层，选择"常用水墨"画笔工具并降低画笔的像素，用轻松随意的曲线绘制出花药的轮廓。新建"上色"图层，选择"晕染水墨"画笔工具，依次绘制出花药的暗部和亮部等，交代清楚明暗关系，凸显体积感。完成绘制。

4.2.6 四强雄蕊

四强雄蕊的花有 6 枚雄蕊，其中 4 枚花丝比较长，生长在内轮；其余 2 枚花丝比较短，生长在外轮。

常见的四强雄蕊花卉以十字花科植物为代表，例如油菜和萝卜等。下面对四强雄蕊的画法进行讲解。

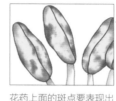

花药上面的斑点要表现出来，注意环境色的表现。

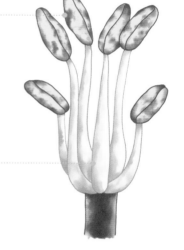

注意把握好花丝之间的前后遮挡关系。

1 绘制要点

（1）勾画线稿时要注意把握好四强雄蕊的外形特征。

（2）画面色彩的冷暖搭配要合理，整体色调要和谐统一。

2 绘制步骤

Step 01 新建一个空白画布并新建"线稿"图层，选择"常用水墨"画笔工具，选择深灰色"434540"（●）绘制出四强雄蕊近处 3 条花丝的轮廓。

Step 02 根据透视关系继续绘制出远处其余花丝的轮廓。

Step 03 用轻松随意的线条绘制出花药的大体外形，注意结构要交代清楚。

Step 04 稍微交代花柄部分的轮廓，完善线稿，使画面看起来更加完整。

Step 05 新建"花柄上色"图层，选择"晕染水墨"画笔工具，用墨绿色"2c3617"（●）绘制出底色，并通过颜色的深浅变化简单交代明暗关系。

Step 06 新建"花丝底色"图层，选择浅黄绿色"dbef86"（●）绘制出花丝部分的底色。

Step 07 新建"花丝暗部"图层，选择嫩绿色"b9ce54"（●）加深花丝的暗部，选择色卡为"fbfeed"（）的颜色绘制出亮面。加强颜色的明暗对比，塑造体积感。

Step 08 新建"花药底色"图层，选择黄色"fce308"（●）绘制出花药部分的固有色。

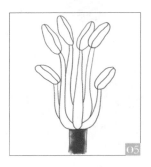

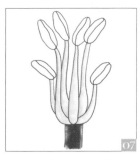

Step 09 新建"花药暗部"图层，选择褐色"644408"（●）绘制出暗部并表现斑点的效果，注意其分布位置及面积的大小。

Step 10 新建"环境色"图层，选择草绿色"6f8b36"（●）在花药两端丰富色彩并进一步加深花丝暗部的颜色，调整整体画面的明暗关系。

Step 11 锁定"线稿"图层的透明像素，选择"柔边圆压力不透明度"画笔工具，选择深褐色"4e3b06"（●）和绿灰色"748544"（●）调整线稿的颜色，完成绘制。

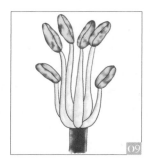

● "线稿"图层修改前

● "线稿"图层修改后

4.2.7 雌蕊

雌蕊由子房、花柱和柱头等部位构成，总体呈柱状。它是被子植物花中的心皮的总称，也是种子植物的雌性繁殖器官。雌蕊一般生长在花中心的位置，由单个至多个具有繁殖功能的心皮卷合而成。由于心皮数量及生长方式的不同，雌蕊又有单雌蕊、离心皮雌蕊、复雌蕊和合心皮雌蕊之分。

常见的雌蕊花卉有很多，如桃花、芍药和梨花等。下面对雌蕊的画法进行讲解。

1 绘制要点

（1）注意把握好雌蕊的外形特征，画面的构图要完整。

（2）要注意空间层次关系及体积感的表达。

上色时画面不要铺得太满，应适当留白以表现受光面，让画面看起来有透气感。

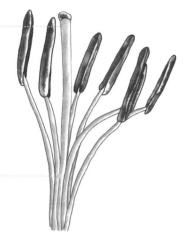

花柱之间的遮挡关系要把握好。

2 绘制步骤

Step 01 新建一个空白画布并新建"线稿"图层，选择"常用水墨"画笔工具，选择深灰色"434540"（●）绘制出主体花柱和柱头的轮廓。

Step 02 继续绘制出周围其他花柱的轮廓。

Step 03 绘制出雌蕊其余部分的轮廓，完善线稿。

Step 04 新建"花柱底色"图层，选择"常用水墨"画笔工具，选择肉粉色"e9988d"（●）画出花柱的固有色。

Step 05 新建"花柱深色"图层，选择"晕染水墨"画笔工具，选择深橘色"a95f3e"（●）绘制出花柱的暗部，选择浅粉红"fac9c1"（●）绘制出亮面的颜色。

Step 06 新建"柱头底色"图层，选择"常用水墨"画笔工具，选择深玫红"582030"（●）画出柱头的固有色。

Step 07 新建"柱头添色"图层，选择"晕染水墨"画笔工具，选择浅灰玫红"a36477"（●）和深橘色"a95f3e"（●）分别表现亮面和环境色。

Step 08 新建"高光"图层，选择浅灰白"d0cdd2"（●）刻画整体画面的高光，进一步加强明暗对比。锁定"线稿"图层的透明像素，选择"柔边圆压力不透明度"画笔工具，选择相对较深的玫红色"461421"（●）和橘色"783f25"（●）调整线稿的颜色。完成绘制。

4.3 花冠的画法

花冠是花瓣的总称，一般可以排成单轮或者多轮。接下来对常见的漏斗状花冠、钟状花冠、高脚蝶状花冠、坛形花冠、蔷薇形花冠、唇形花冠、十字形花冠、蝶形花冠、舌状花冠的绘制及常见花冠范例进行讲解。

4.3.1 漏斗状花冠

漏斗状花冠的下部一般生成筒形，由下向上逐渐扩大成漏斗状。此类植物以旋花科为代表，如牵牛花等。下面对漏斗状花冠的画法进行讲解。

1 绘制要点

（1）画面的用色不要过多，色调要和谐统一。

（2）注意把握好漏斗状花冠的外形特征。

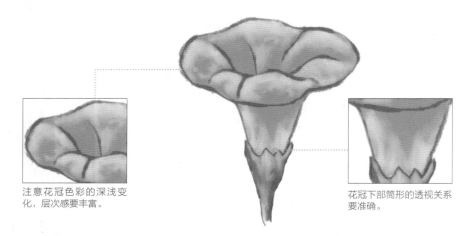

注意花冠色彩的深浅变化，层次感要丰富。

花冠下部筒形的透视关系要准确。

2 绘制步骤

Step 01 新建一个空白画布并新建"花冠底色"图层，选择"晕染水墨"画笔工具，选择橘红色"c85540"（●）绘制出漏斗状花冠主体部分的轮廓。

Step 02 新建"花冠线稿"图层，选择"常用水墨"画笔工具，选择深橘红"903926"（●）在底色的基础上绘制出轮廓线，交代清楚结构。

Step 03 新建"线稿"图层，选择"常用水墨"画笔工具，选择浅橘色"ee9576"（●）绘制出花冠亮面的颜色，注意过渡要自然。

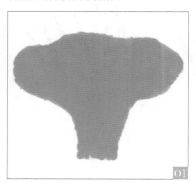

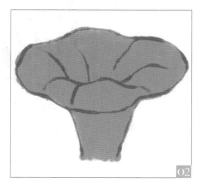

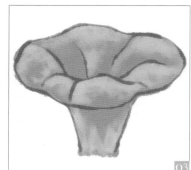

Step 04 新建"花托底色"图层，选择绿灰色"6e8f4e"（●）绘制出花托部分的基本轮廓。

Step 05 新建"花托线稿"图层，选择深草绿色"3e5a1f"（●）勾画出花托的轮廓线，选择浅绿色"a2ca79"（●）绘制其亮面的颜色。

Step 06 新建"光源色"图层，选择亮黄色"ffeec1"（●）绘制出花冠的光源色，丰富画面的色彩，调整并完善画面。完成绘制。

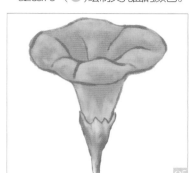

4.3.2 钟状花冠

　　钟状花冠的外形也类似于筒形，但是相对而言它比较宽且稍短，上部分的裂片向外扩展呈钟状。常见的以桔梗科为代表，如桔梗花等。下面对钟状花冠的画法进行讲解。

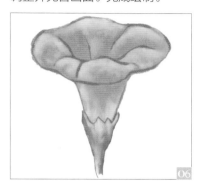

花冠裂片的透视要准确。

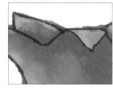

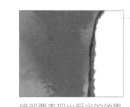

暗部要表现出反光的效果。

1 绘制要点

　　（1）构图时注意选取恰当的透视角度。

　　（2）注意画面体的积感和空间感的表现。

2 绘制步骤

Step 01 新建一个空白画布并新建"花冠底色"图层，选择"晕染水墨"画笔工具，选择紫色"624ca0"（●）绘制出钟状花冠主体部分的轮廓。

Step 02 新建"花托底色"图层，选择绿灰色"7eb685"（●）绘制出花托的大致外形。

Step 03 新建"线稿"图层，选择"常用水墨"画笔工具，然后选择 深紫色"382766"（●）和深绿色"346239"（●），在底色的基础上绘制出轮廓线，交代清楚结构。

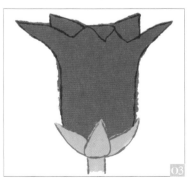

Step 04 新建"花冠亮色"图层，选择"晕染水墨"画笔工具，选择浅紫色"9681d0"（●）绘制出花冠亮面的颜色。

Step 05 新建"花托暗面"图层，选择深灰绿"3b7442"（●）绘制出花托的暗部，注意不要完全遮盖住上一步的颜色。

Step 06 新建"添色"图层，选择浅粉紫色"d5c0ed"（●）和浅绿色"b8efc0"（●）丰富并调整亮面的颜色，加强明暗关系。完成绘制。

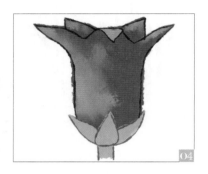

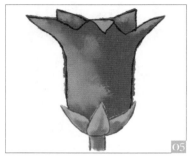

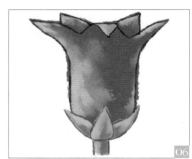

4·3·3 高脚碟状花冠

高脚蝶状花冠的下部分呈狭长的圆筒状，上部分的裂片向外扩展成蝶状。此类植物以报春花科和木犀科为代表，如迎春花等。下面对高脚蝶状花冠的画法进行讲解。

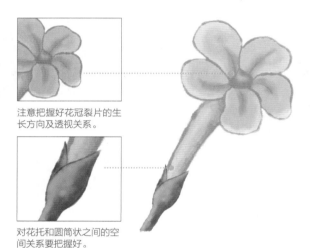

注意把握好花冠裂片的生长方向及透视关系。

对花托和圆筒状之间的空间关系要把握好。

1 绘制要点

（1）要把握好高脚蝶状花冠的整体比例关系。

（2）可以采用色块平涂的方法绘制花冠的大体外形来确定画面的构图。

2 绘制步骤

Step 01 新建一个空白画布并新建"花冠底色"图层，选择"晕染水墨"画笔工具，选择紫粉色"ff99de"（●）绘制出高脚蝶状花冠上部分裂片的大致轮廓。

Step 02 继续绘制出花冠下部分圆筒状的轮廓。

Step 03 新建"亮面"图层，选择浅粉色"ffb7ea"（●）沿着裂片的边缘绘制出亮面，初步交代明暗关系和结构。

Step 04 新建"线稿"图层,选择"常用水墨"画笔工具,选择深紫粉色"ca6aa7"(●)在上一步的基础上绘制出花冠部分的轮廓线,交代清楚结构。选择色卡为"ffc5f1"(●)的颜色整体提亮,进一步刻画明暗对比关系。

Step 05 新建"花托底色"图层,选择"常用水墨"画笔工具,选择色卡为"62b58b"(●)的颜色绘制出底色。

Step 06 新建"花托细节"图层,选择"晕染水墨"画笔工具,选择色卡为"2b6d47"(●)和"7bdcb3"(●)的颜色绘制出花托的暗部和亮面,并简单勾画出轮廓线,调整并完善画面。完成绘制。

4.3.4 坛形花冠

坛形花冠也叫壶状花冠,因其外形与坛子和水壶相似而得名,花冠筒常膨大成卵形或球形。此类植物种类繁多,常见的有铃兰等。下面对坛形花冠的画法进行讲解。

1 绘制要点

（1）坛形花冠可以按照球体的结构来表现其体积感。

（2）萼片部分可以适当遮挡一部分坛形花冠,以表现包裹感。

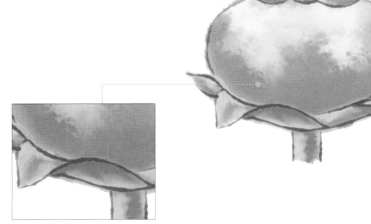

颜色层次的变化要丰富,并适当预留画笔的笔触效果。

注意把握好萼片的透视关系。

2 绘制步骤

Step 01 新建一个空白画布并新建"花冠底色"图层，选择"晕染水墨"画笔工具，选择粉色"f47889"（●）绘制出坛形花冠主体部分的轮廓。

Step 02 新建"花托"图层，选择嫩绿色"96c569"（●）绘制出花托的大致外形。

Step 03 新建"线稿"图层，选择"常用水墨"画笔工具，选择深橘红"844049"（●）和深灰绿"52673e"（●），在底色的基础上绘制出轮廓线，交代清楚结构。

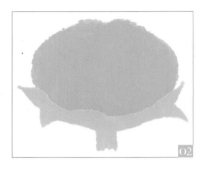

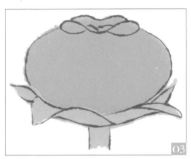

Step 04 新建"花冠明暗"图层，选择"晕染水墨"画笔工具，选择色卡为"fcc3bb"（●）和"b54d5d"（●）的颜色绘制出花冠的亮面与暗面。

Step 05 新建"花托暗面"图层，选择深绿色"598631"（●）绘制出花托的暗部。

Step 06 新建"添色"图层，选择亮绿色"d0f093"（●）和色卡为"fae6e9"（●）的颜色调整亮面及高光部分的颜色。完成绘制。

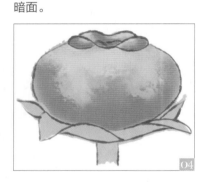

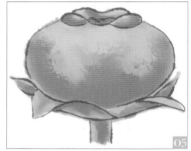

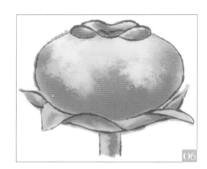

4·3·5 蔷薇形花冠

蔷薇形花冠主要指蔷薇科花卉的花冠，其花冠一般离瓣，由 5 个裂片组成，形成辐射对称形的花。下面对蔷薇形花冠的画法进行讲解。

1 绘制要点

（1）花冠的体积感要通过颜色的明暗渐变及高光的刻画来表现。

（2）勾画线稿时线条要轻松随意，具有节奏感。

注意把握好花蕊的层次关系，局部细节要刻画到位。

要把握好花瓣的生长方向及外形特征。

2 绘制步骤

Step 01 新建一个空白画布，新建"底色"图层，选择"晕染水墨"画笔工具，选择 黄色"f3e83e"（●）绘制出蔷薇形花冠右下角单片花瓣的轮廓。

Step 02 在上一步的基础上绘制出左边花瓣的轮廓。

Step 03 继续绘制出其余花瓣的轮廓，完善花冠的造型。

Step 04 新建"花冠亮面"图层，选择浅黄色"fcf08e"（●），沿着花瓣的边缘绘制出花冠的亮面。

Step 05 新建"花蕊底色"图层，选择"常用水墨"画笔工具，选择深绿色"558426"（●）和浅绿色"a6e06f"（●），绘制出花蕊的底色和局部细节。

Step 06 新建"花药花丝"图层，选择色卡为"554605"（●）的颜色勾画出花药和花丝的结构。

Step 07 新建"花冠线稿"图层，选择"常用水墨"画笔工具，选择色卡为"e1d73a"（●）的颜色，在底色的基础上绘制出轮廓线，交代清楚结构。

Step 08 新建"花蕊高光"图层，选择"常用水墨"画笔工具，选择色卡为"7c5d3e"（●）和"d0e8b6"（●）的颜色细化花蕊部分，完成绘制。

4.3.6 唇形花冠

唇形花冠是一种合瓣花冠,一般呈对称的二唇形。在合瓣植物中,唇形花冠的种类繁多,常见的有一串红和黄芩等。下面对唇形花冠的画法进行讲解。

1 绘制要点

（1）整体画面的色调要和谐统一。
（2）上色时注意颜色的渐变与叠加。

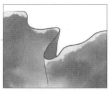

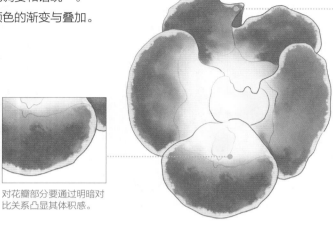

注意把握好花瓣转折处的透视关系。

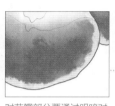

对花瓣部分要通过明暗对比关系凸显其体积感。

2 绘制步骤

Step 01 新建一个空白画布并新建"线稿"图层,选择"常用水墨"画笔工具,选择深紫红色"7b3799"（●）绘制出唇形花冠的大致轮廓。

Step 02 新建"底色"图层,选择"晕染水墨"画笔工具,选择色卡为"cc7eeb"（●）的颜色绘制出花冠的底色,注意中间部分适当留白。

Step 03 新建"添色"图层,选择色卡为"eaacd3"（●）的颜色丰富画面的颜色。

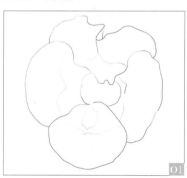

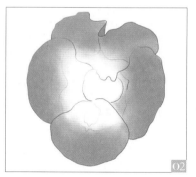

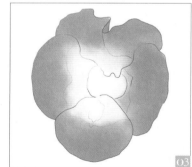

Step 04 新建"花蕊底色"图层,选择浅黄色"feffab"（●）在中间空白的位置简单表现花蕊,并向周围自然过渡。

Step 05 新建"暗部"图层,选择色卡为"9459aa"（●）的颜色加深花冠的暗面,注意面积不要过大。

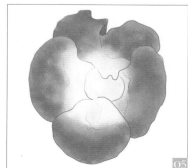

Step.06 新建"高光"图层，选择色卡为"f3dffd"（ ）的颜色沿着花瓣的边缘绘制高光，并把图层的不透明度降低至 80%。选择"暗部"图层，选择色卡为"854f9c"（● ）的颜色进一步加重暗部，加强颜色的明暗对比。完成绘制。

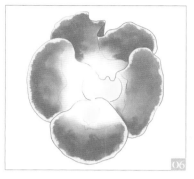

• 不透明度 100% 的效果

• 不透明度 80% 的效果

4·3·7 十字形花冠

十字形花冠一般有 4 枚花瓣，并且排列成辐射对称的"十字"。常见的十字形花冠植物有二月兰和桂花等。下面对十字形花冠的画法进行讲解。

1 绘制要点

（1）花瓣之间的层叠关系要准确。

（2）花冠的形态要漂亮、生动，花瓣的轮廓要饱满。

花蕊局部细节放大图。

注意花瓣的厚度以及卷翘效果的表现。

2 绘制步骤

Step 01 新建一个空白画布并新建"花冠底色"图层，选择"晕染水墨"画笔工具，选择 黄色"efcd4f"（ ）绘制出一个花瓣的轮廓。

Step 02 在上一步的基础上绘制出对称花瓣的轮廓。

Step 03 用同样的方法继续绘制出其余花瓣的轮廓，完善十字形花冠的造型。

Step 04 新建"花冠线稿"图层，选择"常用水墨"画笔工具，选择色卡为"cbaf4e"（●）的颜色，在底色的基础上绘制出轮廓线，交代清楚结构。

Step 05 新建"暗部"图层，选择"晕染水墨"画笔工具，选择橘黄色"e2a53b"（●），根据明暗交界线绘制出花冠的暗部。

Step 06 新建"亮面"图层，选择浅黄色"fff09d"（○）绘制出高光部分；选择色卡为"eae458"（○）的颜色丰富花冠的色彩层次。

Step 07 新建"花蕊"图层，选择色卡为"596b19"（●）的颜色绘制出底色，选择色卡为"b67124"（●）的颜色画出花药和花丝。最后调整整体画面，完成绘制。

4.3.8 蝶形花冠

　　蝶形花冠主要由1枚旗瓣、2枚翼瓣和2枚龙骨瓣组成，共5枚花瓣。此类植物以豆科为代表。下面对蝶形花冠的画法进行讲解。

1 绘制要点

　　（1）要注意花瓣之间的包裹和前后遮挡关系。

　　（2）蝶形花冠的构图不大，上色时主要从底色开始慢慢叠加。

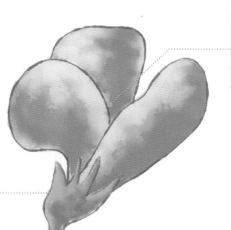

在刻画花冠时要表现出丰富的颜色层次。

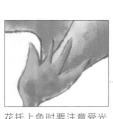

花托上色时要注意受光面和反光面颜色的深浅变化。

2 绘制步骤

Step 01 新建一个空白画布并新建"花冠底色"图层,选择"晕染水墨"画笔工具,选择色卡为"f38c61"(●)的颜色绘制出蝶形花冠的轮廓。

Step 02 新建"花托底色"图层,选择色卡为"a5cf63"(●)的颜色绘制出花托的轮廓。

Step 03 新建"花冠暗部"图层,选择色卡为"db614a"(●)的颜色,根据光源方向绘制出花冠的暗部。

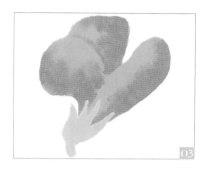

Step 04 新建"花托暗部"图层,选择色卡为"5d8620"(●)的颜色绘制出花托的暗部。

Step 05 新建"花冠亮面"图层,选择色卡为"f9c3b4"(●)和"fff8d6"(○)的颜色绘制花冠的亮面,注意层次变化要丰富。

Step 06 新建"线稿"图层,选择"常用水墨"画笔工具,选择色卡为"5e822a"(●)和"a55f46"(●)的颜色,在底色的基础上绘制出轮廓线,交代清楚结构,完成绘制。

4·3·9 舌状花冠

舌状花冠的基部一般合生成一个短筒状,上部分向一侧展开,近似舌状。它很像一片花瓣,是形状如舌的合瓣花冠。常见的舌状花冠植物有很多,以菊科植物为代表,如菊花和向日葵等。下面对舌状花冠的画法进行讲解。

1 绘制要点

(1)刻画舌状花冠的外形时可以稍微随意些,这样看上去更加自然。

(2)上色时主要采用同色系不同明度和纯度的色彩变化来表现明暗关系。

颜色的层次变化要控制好,暗部的加深和受光面的提亮都不要完全遮盖住底色。

注意光源要根据形体的转折而有所变化。

2 **绘制步骤**

Step 01 新建一个空白画布并新建"花冠底色"图层,选择"晕染水墨"画笔工具,选择色卡为"feb125"(●)的颜色绘制出舌状花冠主体部分的轮廓。

Step 02 新建"花托底色"图层,选择色卡为"697e3d"(●)的颜色绘制出花托部分的大致形状。

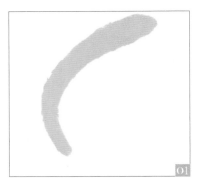

01

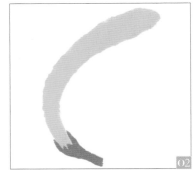

02

Step 03 新建"暗部"图层,选择色卡为"b27d1d"(●)和"495d20"(●)的颜色绘制出画面的暗部。

Step 04 新建"亮面"图层,选择色卡为"94bd39"(●)和"fed37f"(●)的颜色绘制出亮部,加强颜色的明暗对比,凸显体积感和空间感。完成绘制。

03

04

4.3.10 其他常见花冠范例

除了上述花冠之外,还有很多其他类型的花冠。下面展示其他常见花冠的范例。

| 范例 1 |

| 范例 2 |

| 范例 3 |

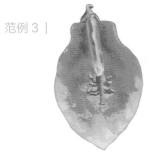

| 范例 4 |

| 范例 5 |

| 范例 6 |

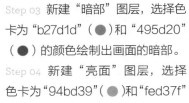

4.4 花序的画法

花序是对花序轴和生长在其上面的花的通称，也可以指花在花轴上生长的不同形式的序列。花序主要有有限花序和无限花序之分。无限花序可分为总状花序、穗状花序、肉穗花序、伞房花序、头状花序、葇荑花序、伞形花序和隐头花序等；有限花序可以分为单歧聚伞花序、二歧聚伞花序、多歧聚伞花序以及轮伞花序。

接下来对各种不同花序的概念及相应画法进行讲解。

4.4.1 总状花序的概念

总状花序是指多个且具有花梗的花生长在不分枝的花序轴上。花轴较长，不分枝，不仅由下至上依次生长着很多有柄小花，而且每朵小花都有一个花柄与花轴有规律地相连，每朵小花花柄的长度基本一致。这些都是总状花序的主要特点。而单轴分枝是总状花序中一种最基本的标准花序类型。

具有总状花序特征的植物较多，常见的有油菜、紫藤和飞燕草等。

4.4.2 紫藤总状花序的表现

介绍了总状花序的基本概念之后，接下来对紫藤总状花序的表现进行讲解。

1 绘制要点

（1）注意把握好紫藤整体的造型，花卉之间要疏密有致。

（2）要把握好画面的主要色调，对于大的形体结构和体积感的塑造要到位。

注意把握好花卉之间的前后遮挡关系，可以选择多视角和不同开放状态的花卉来表现。

花苞要有透视、形态和大小的变化，注意其生长方向。

Step 01 新建一个空白画布并新建"草图"图层，选择"铅笔"画笔工具，选择深灰色"434540"（●）绘制出紫藤的轮廓。

Step 02 降低"草图"图层的不透明度，新建"花卉底色"图层，选择"水彩笔"画笔工具，把画笔的像素稍微调大，选择色卡为"d7a0f4"（●）的颜色。从局部入手，在草图的基础上绘制出尾部盛开部分花朵的轮廓。

Step 03 用同样的方法继续绘制出其余花朵的轮廓，注意画面不要铺得太满，应适当留白表现高光。

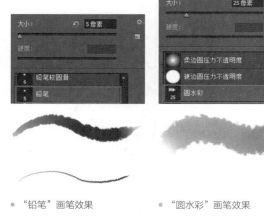

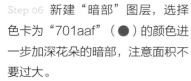

● "铅笔"画笔效果　　　● "圆水彩"画笔效果

Step 04 关闭"草图"图层的可见性，让底色看起来更清晰，并调整花朵的轮廓。

Step 05 新建"花卉晕染"图层，选择色卡为"ad58d7"（●）的颜色绘制出花朵暗面的颜色，划分结构并交代明暗关系。

Step 06 新建"暗部"图层，选择色卡为"701aaf"（●）的颜色进一步加深花朵的暗部，注意面积不要过大。

Tips

　　按住 "Alt" 键执行 "向下指引"
命令，在 "暗部" "亮面" 或者其
他深入刻画的图层上涂色就不会超
出 "底色" 图层的范围。

● 使用 "向下指引" 命令前效果　● 使用 "向下指引" 命令后效果

| 花卉上色技巧 |

　　首先，新建 "底色" 图层，选择 "圆水彩" 画笔工具绘制出紫藤花的底色并确定轮廓，注意不要铺得太满预留出高光部分。新建 "暗部" 图层，按住 "Alt" 键执行 "向下指引" 命令以便上色，避免超出底色区域。选择 "晕染水墨" 画笔工具，根据光源方向逐步加深花卉的暗部，加强明暗对比。新建 "晕染" 图层，丰富色彩的层次并表达光源色和环境色，完成绘制。

Step 07　新建 "分枝" 图层，把画笔像素稍微调小，选择色卡为 "969e53" （●）的颜色。打开 "草图" 图层的可见性，在草图的基础上准确绘制出小花枝的轮廓，然后关再关闭 "草图" 图层的可见性进行局部调整。

Step 08　新建 "分枝添色" 图层，选择色卡为 "736026" （●）的颜色在分枝的根部绘制出暗面，丰富画面色彩。

Step 09 新建"花轴"图层，把画笔像素稍微调高，选择色卡为"3e5e15"（●）的颜色绘制出主体花轴的轮廓并确定基本色。选择色卡为"678f44"（●）的颜色简单表现亮面。

Step 10 新建"花托添色"图层，选择色卡为"a27a77"（●）的颜色丰富花托层次。

Step 11 新建"花卉亮面"图层，选择"水彩晕染"画笔工具，选择色卡为"f7ecbe"（○）和"fbf3ff"（ ）的颜色刻画花卉的亮面，并把图层的不透明度降低至80%，完成绘制。

● "水彩晕染"画笔效果 ● 不透明度100%效果 ● 不透明度80%效果

4·4·3 千屈菜总状花序的表现

除了紫藤之外，千屈菜也属于总状花序，接下来对千屈菜总状花序的表现进行讲解。

1 绘制要点

（1）造型时注意把握好不同生长方向和不同透视角度花卉的轮廓。

（2）注意统一画面的色调，颜色不要用得过多。

花蕊的绘制要注意把握好透视关系及层次感。

要适当拉开近景、中景和远景之间的距离，增强画面的空间感。

绘制步骤

Step 01 新建一个空白画布并新建"近景线稿"图层，选择"铅笔"画笔工具，选择灰色"959595"（●）绘制出花轴和主体花卉的轮廓。

Step 02 新建"中景线稿"图层，用同样的方法绘制出中景侧面分枝的部分。

Step 03 新建"远景线稿"图层，用同样的方法绘制出远景部分的轮廓，完善画面的构图。

Step 04 新建"近景花卉底色"图层，选择"圆水彩"画笔工具，选择色卡为"b161f4"（●）的颜色绘制出近景花卉的底色。

Step 05 新建"近景花卉暗部"图层，选择"水彩晕染"画笔工具，选择色卡为"a134c1"（●）的颜色；根据花卉的结构和光源绘制出近景花卉的暗面。

Step 06 新建"中景花卉底色"图层，选择"圆水彩"画笔工具，选择色卡为"b161f4"（●）的颜色绘制出中景花卉的底色。

Step 07 新建"中景花卉暗部"图层，选择"水彩晕染"画笔工具，选择色卡为"a134c1"（●）的颜色绘制出中景花卉的暗面。

Step 08 新建"远景花卉"图层，选择色卡为"b161f4"（●）的颜色绘制出花卉的底色，选择色卡为"a134c1"（●）的颜色绘制出暗部。

Step 09 新建"花卉纹理"图层，选择色卡为"9c26dc"（●）的颜色勾画出花瓣上的经络纹理，并调整不透明度。

Step 10　新建"花蕊"图层，选择"常用水墨"画笔工具，选择色卡为"fbf1b3"（　）和"571988"（●）的颜色绘制出千屈菜的花蕊部分。

Step 11　新建"近景枝叶底色"图层，选择"常用水墨"画笔工具，选择色卡为"516a4d"（●）的颜色给枝叶铺上底色。

Step 12　新建"近景枝叶明暗"图层，选择"晕染水墨"画笔工具，选择色卡为"acca6a"（　）的颜色绘制出亮面。

Step 13　新建"远景枝叶"图层，选择"常用水墨"画笔工具，选择色卡为"516a4d"（●）和"acca6a"（　）的颜色绘制远景枝叶。

Step 14　新建"近景花卉亮面"图层，选择"水彩晕染"画笔工具，选择色卡为"efd9ff"（　）的颜色提亮花瓣的亮面，并刻画局部细节。

Step 15　合并"中景花卉底色"和"中景花卉暗部"图层并重新命名为"中景花卉"，然后选择"滤镜"→"模糊"→"高斯模糊"，把半径设置为 3 像素，调整图层的清晰度。用同样的方法把半径设置为 10 像素调整远景花卉图层的清晰度，加强画面的虚实对比和空间感，完成绘制。

● "高斯模糊"调整前效果

● "高斯模糊"调整后效果

Tips

　　绘制过程中图层的不透明度和"滤镜"模糊的制作可以多尝试几个不同数值的效果，并找到效果最好的设置。

4.4.4 穗状花序的概念

穗状花序的花序轴直立，一般比较长，并且上面生长着很多无柄的两性花卉。穗状花序主要以禾本科为代表，常见的穗状花序有很多，如车前和地榆等。

接下来，对龙头花穗状花序的表现进行讲解。

4.4.5 龙头花穗状花序的表现

介绍了穗状花序的基本概念之后，下面对龙头花穗状花序的画法进行讲解。

1 绘制要点

（1）注意画面的空间层次关系要清晰明了。

（2）要表现出光照效果，晕染画面的气氛。

注意色彩层次变化要丰富，绘制亮面和暗部时不要完全遮盖住底色。

画面不要铺得太满，适当留白表现受光面和高光部分，让画面看起来具有透气感。

2 绘制步骤

Step 01 新建一个空白画布并新建"草稿"图层，选择"铅笔"画笔工具，选择深灰色"434540"（●）勾画出龙头花的轮廓。

Step 02 降低"草稿"图层的不透明度至70%，新建"花卉线稿"图层，选择"常用水墨"画笔工具，选择色卡为"e497fd"（●）的颜色绘制出花卉的线条。

Step 03 新建"花枝线稿"图层，选择色卡为"558241"（●）的颜色绘制出花枝部分的线条。

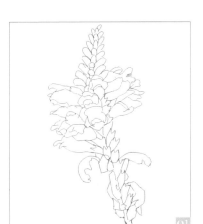

01

02

03

Step 04 新建"枯花线稿"图层，选择色卡为"8b664c"（●）的颜色绘制出下面干枯部分的线条。

Step 05 关闭"草稿"图层的可见性，让画面看得更加清晰。

Step 06 新建"花卉底色"图层，选择"晕染水墨"画笔工具，选择色卡为"d778f6"（●）的颜色绘制出花卉的基本色，注意不要铺得太满，适当留白表现透气感。

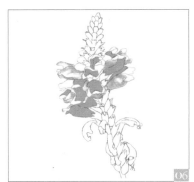

Step 07 新建"花卉暗部"图层，选择色卡为"842fa6"（●）和"c8a9f9"（●）的颜色绘制出花卉的暗部，丰富画面的色彩。

Step 08 新建"花卉亮面添色"图层，选择色卡为"fafac9"（○）的颜色表现花卉的亮面，注意面积不要过大。

Step 09 新建"花苞底色"图层，选择色卡为"e6a9f7"（●）和"ad72cc"（●）的颜色绘制出花苞，并简单交代明暗关系。

Step 10 新建"花苞亮面"图层，选择色卡为"fafac9"（○）的颜色绘制出亮面以表现光源色。

Step 11 新建"花枝底色"图层，选择色卡为"50852d"（●）的颜色绘制出花枝部分的底色。

Step 12 新建"花枝亮面"图层，选择色卡为"7fbf4f"（●）的颜色绘制出花枝部分的亮面，注意光源方向需要统一。

首先，新建"线稿"图层，选择"常用水墨"画笔工具画出花苞的轮廓。接着，新建"上色"图层，选择"晕染水墨"画笔工具绘制出底色并加强暗部刻画。最后，新建"晕染"图层，表现光源色和环境色效果，完成绘制。

Step 13　新建"枯花底色"图层，选择色卡为"9d7750"（●）的颜色绘制出枯花花卉部分的固有色。

Step 14　新建"枯花细化"图层，选择色卡为"d3ade8"（●）和"c9ae83"（●）的颜色绘制枯花亮面部分，选择色卡为"5e2a12"（●）的颜色绘制出暗部部分，塑造体积感。

Step 15　新建"高光"图层，选择色卡为"d4f0bd"（●）和"f6e5fe"（●）的颜色进一步刻画高光部分，调整整体明暗关系。选择"花枝线稿"图层并关闭图层可见性，让画面看起来更加自然、柔和。

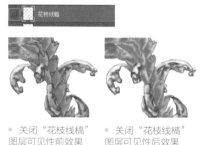

● 关闭"花枝线稿"图层可见性前效果　● 关闭"花枝线稿"图层可见性后效果

4.4.6　肉穗花序的概念

肉穗花序是无限花序的一种，它由无柄单性小花生长在肉质膨大的花序轴上。它的基本结构类似于穗状花序，但花轴的肉质肥厚，常见的肉穗花序植物有很多，如玉米和马蹄莲等。

4.4.7　马蹄莲肉穗花序的表现

马蹄莲有肥大肉质的块茎和长柄，株高一般在 1~2.5 米，叶柄一般是叶长的 2 倍，上部一般呈棱形，下部呈鞘状折叠抱茎状。花梗生长在叶子旁边，且高出叶丛，肉穗花序呈圆柱形、鲜黄色，一般花序的上部分生雄蕊，下部分生雌蕊。

介绍了肉穗花序的基本概念之后，接下来对马蹄莲肉穗花序的表现进行讲解。

■　绘制要点

（1）注意把握好物体之间的空间层次关系，前后遮挡关系要准确。

（2）造型时花卉的形状可以丰富多变，不要过于呆板。

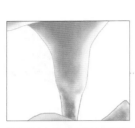

注意花卉与花柄交接处色彩的
过渡要自然。

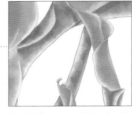

花瓣卷曲的透视转折关系要
准确。

2 绘制步骤

Step 01 新建一个空白画布并新建
"草图"图层，选择"铅笔"画笔工
具，选择深灰色"434540"（●）
绘制出马蹄莲的轮廓，确定画面的
构图。

Step 02 降低"草图"图层的不透明
度至 70 %，新建"线稿"图层，选
择"常用水墨"画笔工具，准确绘制
出马蹄莲近景部分的轮廓。

Step 03 继续绘制出剩余部分的线
稿，并关闭"草图"图层的可见性，
然后调整并完善线稿的局部细节。

Step 04 新建"花卉底色"图层，
选择"常用水墨"画笔工具，选择
色卡为"ed304e"（●）的颜色
绘制出马蹄莲花卉的固有色。

Step 05 新建"花卉晕染"图层，
选择"晕染水墨"画笔工具，选择
色卡为"f29080"（●）"ea9eaf"
（●）和"fdf3d7"（○）的颜色
丰富画面，注意颜色过渡要自然。

Step 06 新建"花卉亮面"图层，
选择色卡为"fff4f5"（○）的颜
色绘制出花卉的亮面部分。

Step 07 新建"肉穗"图层，选择"晕
染水墨"画笔工具，选择 色卡为
"e4b21d"（●）的颜色绘制出花
蕊的固有色，选择色卡为"fae89b"
（●）的颜色表现亮面。选择"喷洒"
画笔工具并调大像素，选择色卡为
"b0480f"（●）的颜色绘制肉穗
的颗粒质感。

Step 08 新建"枝叶底色"图层，
选择"常用水墨"画笔工具，选择
色卡为"457a05"（●）的颜色
绘制出固有色。

Step 09 新建"枝叶晕染"图层，
选择"晕染水墨"画笔工具，选择
色卡为"6a9300"（●）和"a1d029"
（●）的颜色丰富画面。

● "喷洒"画笔效果

| 肉穗的绘制技巧 |

　　首先，新建"线稿"图层，选择"铅笔"画笔工具画出肉穗的轮廓。接着，新建"底色"图层，选择"晕染水墨"画笔工具绘制出底色并加强明暗对比关系。最后，新建"细节刻画"图层，选择"喷洒"工具表现肉穗的质感，调整并完善局部细节，完成绘制。

Step 10 新建"枝叶亮面"图层，选择色卡为"d8f380"（●）和"edd1c0"（●）的颜色绘制出环境色和反光部分，增添层次感。

Step 11 新建"高光"图层，选择色卡为"f9fdee"（●）和"ffe9ec"（●）的颜色绘制出花卉和枝叶部分的高光。新建"枝叶暗部"图层，选择色卡为"375b0c"（●）的颜色绘制出枝叶的暗部，加强颜色明暗对比。

Step 12 锁定"线稿"图层的透明像素，选择"柔边圆压力不透明度"画笔工具，选择色卡为"cb8d96"（●）和"5e7f36"（●）的颜色调整花卉和枝叶部分线稿，让画面看起来更加自然，完成绘制。

4.4.8 伞房花序的概念

伞房花序的特点是花轴不分枝并且比较长，上面长着很多长度不一样的小花。一般情况下，下部分的花柄长，上部分的花柄短，最终各部分的花卉基本排列在一个平面上，由外向内自然开放。符合伞房花序特征的植物很多，常见的有如梨和苹果等。

4.4.9 苹果伞房花序的表现

介绍了伞房花序的基本概念之后，接下来对苹果伞房花序的表现进行讲解。

■ 绘制要点

（1）构图时注意把苹果花伞房花序的特征表现出来。

（2）上色时注意把握好画面的整体色调，色彩的层次变化要丰富。

叶片上色时，要注意光源色和环境色的表现，色彩叠加时不要完全遮盖住上一步的颜色。

背景的绘制也要有色彩层次变化，并且预留出笔刷的痕迹。

注意把握好物体之间的前后遮挡关系，线条的叠压要准确。

2 绘制步骤

Step 01　新建一个空白画布并新建"草图"图层，选择"铅笔"画笔工具，选择深灰色"434540"（●）绘制出苹果伞房花序的轮廓。

Step 02　新建"线稿"图层，选择"常用水墨"画笔工具，在草图的基础上准确绘制出苹果伞房花序的线稿。

Step 03　关闭"草图"图层的可见性，调整并完善线稿的局部细节。

Step 04　新建"花卉底色"图层，选择"常用水墨"画笔工具，选择色卡为"fe81dc"（●）的颜色绘制出苹果花卉的底色。

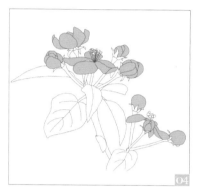

Step 05　新建"花卉深色"图层，选择"晕染水墨"画笔工具，选择色卡为"ed3bee"（●）的颜色绘制花卉部分的暗部，注意深色的分布位置和面积大小。

Step 06　新建"花卉亮色"图层，选择色卡为"f0d8b3"（●）和"ffdaf3"（●）的颜色绘制出花卉的亮面。新建"花蕊"图层，选择色卡为"f1ef3f"（●）和"bd8e1c"（●）的颜色刻画花蕊。

Step 07　新建"叶片底色"图层，选择色卡为"7cc54e"（●）和"bee2a7"（●）的颜色给叶片部分铺上底色，并根据叶脉的线稿简单交代明暗关系。

Step 08　新建"叶片晕染"图层，选择色卡为"c2ef5a"（●）和"507737"（●）的颜色刻画叶片的亮面和暗面，注意把握好色彩之间的层次感。

Step 09 新建"枝干底色"图层，选择"常用水墨"画笔工具，选择色卡为"465519"（●）的颜色绘制出枝干的底色，并通过不同力度的变化简单交代明暗关系。

Step 10 新建"枝干亮色"图层，选择"晕染水墨"画笔工具，选择色卡为"9fc035"（●）的颜色绘制出枝干的亮面颜色。

Step 11 新建"叶片点缀"图层，选择"水彩大溅滴"画笔工具，选择色卡为"fad7c4"（○）的颜色点缀装饰画面。选择"水彩 1 常用"画笔工具，选择色卡为"c8d0e9"（○）和"adc7b5"（○）的颜色添加背景。

● "水彩大溅滴"画笔效果　　● "水彩 1 常用"画笔效果

Step 12 锁定"线稿"图层的透明像素，选择色卡为"883e7d"（●）、"364b38"（●）和"713b21"（●）的颜色调整线稿，让整体画面看起来更加融洽，完成绘制。

● "线稿"调整前效果　　● "线稿"调整后效果

4.4.10 头状花序的概念

花轴很短，膨大变成扁形，并且花轴基部的苞叶密集成总苞是头状花序的特点。头状花序类型植物的花一般没有花梗，大多数都集中生长在一个花托上，外形好像一朵大花卉，但实际上是由很多小花组成的花序，它的开花顺序一般是由外向内开放。

植物中具有头状花序的种类很多，常见的以菊科植物为代表，如向日葵和蒲公英等。

4.4.11 蒲公英头状花序的表现

介绍了头状花序的基本概念之后，接下来对蒲公英头状花序的表现进行讲解。

绘制要点

（1）注意拉开整体画面近景、中景和远景之间的空间距离。

（2）整体画面的色调要和谐统一，颜色层次变化要丰富。

注意把握好蒲公英头状花序的外形特征。

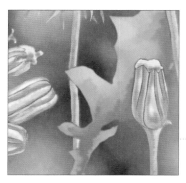

物体之间的前后遮挡关系要准确。

2 绘制步骤

Step 01 新建一个空白画布并新建"草图"图层，选择"铅笔"画笔工具，选择深灰色"434540"（●）绘制出蒲公英头状花序及叶片部分的轮廓。

Step 02 继续绘制出不同状态的蒲公英造型，并在空中添加纷飞的蒲公英，丰富画面的构图。

Step 03 降低"草图"图层的不透明度至60%，新建"线稿"图层，选择"常用水墨"画笔工具，选择黑色"000000"（●）准确绘制出蒲公英头状花序的线稿。

Step 04 关闭"草图"图层的可见性，调整并完善线稿。

Step 05 新建"叶片晕染"图层，选择"晕染水墨"画笔工具，选择色卡为"a4d049"（●）和"65aa40"（●）的颜色绘制出叶片的明暗关系和色彩层次感。

Step 06 新建"花卉底色"图层，选择"常用水墨"画笔工具，选择色卡为"f1c548"（●）的颜色绘制出蒲公英的底色。

Step 07　新建"花卉暗部"图层，选择"晕染水墨"画笔工具，选择色卡为"81533b"（●）的颜色绘制出花卉部分的暗部，凸显体积感。

Step 08　新建"背景底色"图层，选择"硬边圆压力不透明度"画笔工具，选择色卡为"142008"（●）的颜色绘制出背景的底色。

Step 09　新建"花托底色"图层，选择"常用水墨"画笔工具，选择色卡为"879f51"（●）和"a3b46d"（●）的颜色绘制出花托和花柄部分的底色。

Step 10　新建"花托暗部"图层，选择"晕染水墨"画笔工具，选择色卡为"5d7625"（●）的颜色，根据光源方向绘制出花托部分的暗色，注意不要完全遮盖住上一步的颜色。

Step 11　新建"花托亮色"图层，选择色卡为"acc75e"（●）和"eff7dc"（　）的颜色绘制出花托部分的亮部，并丰富色彩层次变化。

Step 12　新建"近景叶片底色"图层，选择"常用水墨"画笔工具，选择色卡为"306f20"（●）的颜色绘制出叶片的底色。

Step 13　新建"背景晕染"图层，选择"水彩晕染"画笔工具，选择色卡为"9cc8e8"（●）、"7ba859"（●）和"dbdc9e"（●）的颜色绘制出背景的空间层次和色彩变化，注意不要完全遮盖住底色，预留出暗部。

Step 14　新建"蒲公英底色"图层，选择"晕染水墨"画笔工具，选择色卡为"82a098"（●）的颜色在线稿的基础上铺上底色，选择色卡为"3c2712"（●）的颜色绘制出暗部。

Step 15　新建"蒲公英亮色"图层，选择"晕染水墨"画笔工具，并把画笔像素调低。选择色卡为"ffffff"（○）的颜色以线条的形式绘制出蒲公英的亮部和局部细节。

Step 16　关闭"线稿"图层的可见性，新建"蒲公英细节"图层，选择"晕染水墨"画笔工具，选择色卡为"443c54"（●）的颜色绘制出蒲公英种子及纷飞的蒲公英根部。

Step 17　合并蒲公英所有可见图层，选择"套索工具"，局部单个框选空中纷飞的蒲公英，单击鼠标右键选择"羽化"，把羽化半径设置为3像素，确定后可以让选区边缘更加自然，不生硬。选择"滤镜"→"模糊"→"高斯模糊"，通过设置不同的像素值调整虚实关系。调整并完善好整体画面之后，完成绘制。

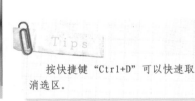

Tips

按快捷键"Ctrl+D"可以快速取消选区。

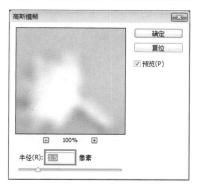

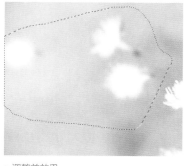

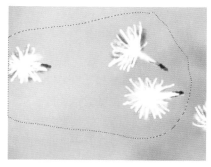

● 调整前效果　　　　　　　　● 调整后效果

| 蒲公英的绘制技巧 |

首先，新建"线稿"图层，选择"硬边圆压力不透明度"画笔工具画出蒲公英的轮廓。接着，新建"底色"图层，选择"圆水彩"画笔工具绘制出底色并表现暗部颜色。新建"亮面"图层，选择"晕染水墨"画笔工具并减小画笔像素，根据生长方向用线条的方式绘制出蒲公英的高光部分，然后关闭"线稿"图层的可见性，并选择"滤镜"→"高斯模糊"调整虚实变化，完成绘制。

4.4.12　其他类型的花序

除了上述的总状花序、穗状花序、肉穗花序、伞房花序和头状花序之外，还有很多其他类型的花序，如葇荑花序、伞形花序、隐头花序、聚伞花序、轮伞花序和复合花序等。下面对这些其他类型的花序进行介绍。

▣　葇荑花序

葇荑花序和穗状花序相似，花轴下垂并且比较柔韧，上面生长着许多无柄或者有短柄的单性花。一般开花后，整个花序会一起脱落。常见的葇荑花序类型的植物有很多，如柳树等。

2 伞形花序

伞形花序是一种在花轴顶端生长着伞状长梗的花序，属于无限花序的一种。这种花序的特点是花轴较短，花卉常常生长在花轴的顶端，并且每朵小花的花柄几乎一样长。除此之外，小花在花轴的顶端排列成圆顶形，花卉由外向内开放。常见的伞形花序类型的植物有很多，例如葱和韭菜等。

3 隐头花序

隐头花序的分枝一般比较肥大并且会形成肉质的花座，上面生长着小花，而花座从四周把与花相对的面形成包围住的状态，从而形成隐头状花序。

隐头花序的花轴特别肥大并且呈现出凹陷状，在凹陷的腔壁上生长着许多无柄小花。一般情况下这些小花几乎全部隐没不能看见，只留有一个很小的孔与外界相通，作为昆虫进出腔内传播花粉的通道。

隐头花序在无花果属的表现最为显著，果实成熟时花序轴明显膨大，成为肉质，就是隐头果。

1 聚伞花序

聚伞花序常常有单歧聚伞花序、二歧聚伞花序、螺旋状聚伞花序及蝎尾状聚伞花序之分。一般单歧聚伞花序的花轴在顶花下面只有 1 个侧轴，长度超过主轴，顶端也只生长一朵花，并且按照这种方式继续分枝就形成了单歧聚伞花序。每次中央的一朵花开后，产生两个分枝，这样的聚伞花序称为二歧聚伞花序。

如果花序轴的分枝都生长在同一侧，那么花序呈螺旋状卷曲，就形成了螺旋状聚伞花序，如紫草等。如果分枝生长在左右两侧并且呈蝎尾状，那么就形成了蝎尾状聚伞花序，如姜等。

● 单歧聚伞花序

● 二歧聚伞花序

● 螺旋状聚伞花序

● 蝎尾状聚伞花序

5 轮伞花序

轮伞花序是聚伞花序的一种特殊排列着生形式，它的特征是在植物茎上端的每个叶腋位置都成对生长着叶片，并且分别生长着两个细小的聚伞花序。在各个茎节的位置又生长着 4 个小花序，呈现出轮状。以同样的形式一层一层向上排列生长，就形成了这种轮伞花序。轮伞花序类型的植物很多，如益母草和地瓜等。

6 复合花序

复合花序是指在单个不同类型花序的基础上重复、叠加、组合形成的一种复总状花序，如复合圆锥花序、复合穗状花序和复合伞形花序等。接下来对这几种不同类型的复合花序进行举例。

● 复合圆锥花序

● 复合穗状花序

● 复合伞形花序

4.5 花苞的画法

　　花苞也叫花骨朵，是花卉的蓓蕾，属于开花前一个时期的状态，是将要开放的花。接下来对不同状态花苞的表现、玫瑰花苞的表现、荷花花苞的表现、石榴红花苞的表现及牵牛花花苞的表现范例等进行讲解。

4.5.1 不同状态花苞的表现

　　花卉的开放需要一个过程，不同开放程度下花苞的状态也不相同。接下来对铁线莲花朵未开放→准备开放→开始开放→半开放→完全开放的不同状态进行举例。

- 未开放　　　　- 准备开放　　　　- 开始开放　　　　- 半开放　　　　- 完全开放

4.5.2 玫瑰花苞的表现

　　花苞作为玫瑰花成长过程中的一部分，未开放时是花朵的嫩芽刚长出来时的状态。接下来对未开放时玫瑰花苞的表现进行讲解。

绘制要点

　　（1）注意把握好玫瑰花苞未开放时的外形特征。
　　（2）注意把握好整体色调，冷暖搭配要合理。

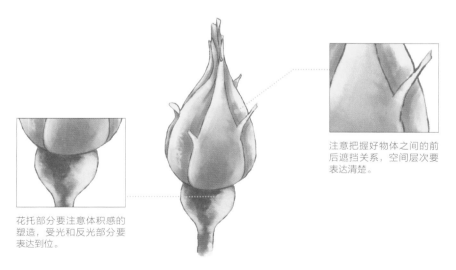

注意把握好物体之间的前后遮挡关系，空间层次要表达清楚。

花托部分要注意体积感的塑造，受光和反光部分要表达到位。

2 绘制步骤

Step 01 新建一个空白画布并新建"线稿"图层，选择"铅笔"画笔工具，选择深灰色"434540"（●）绘制出玫瑰花苞的外形。

Step 02 新建"花苞底色"图层，选择"常用水墨"画笔工具，选择色卡为"859930"（●）的颜色绘制出花苞的底色。

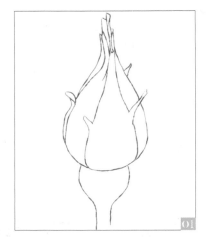 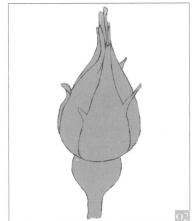

Step 03 新建"花苞明暗"图层，选择"晕染水墨"画笔工具，选择色卡为"647426"（●）和"c4cf5d"（●）的颜色绘制出亮面和暗部，加强明暗对比。

Step 04 新建"花苞晕染"图层，选择色卡为"d7b06d"（●）的颜色丰富亮面。锁定"线稿"图层的透明像素，选择色卡为"495713"（●）的颜色调整线稿并进一步刻画暗部，完成绘制。

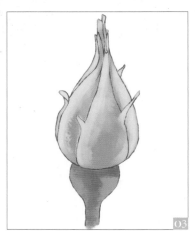 

4.5.3 荷花花苞的表现

荷花一般是由外向内开放，开放过程中最先打开最外层的几片花瓣，呈开始开放状态。接下来对开始开放荷花花苞的表现进行讲解。

1 绘制要点

（1）注意把握好荷花的自然色彩，用色不要过于夸张。

（2）通过亮面、暗面、高光以及反光的刻画来凸显体积感和空间感。

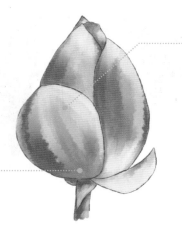

绘制荷花花瓣时，注意光源色和环境色的表现，颜色不要过重，色彩层次感要丰富。

花苞底部可以适当添加花托部分的颜色表现环境色，让花苞和花托自然过渡，看起来更加自然。

绘制步骤

Step 01 新建一个空白画布并新建"线稿"图层,选择"铅笔"画笔工具,选择深灰色"434540"(●)绘制出荷花花苞的外轮廓。

Step 02 新建"底色"图层,选择"常用水墨"画笔工具,选择色卡为"d9a0cd"(●)和"3e5d21"(●)的颜色绘制出花苞和花托的底色。

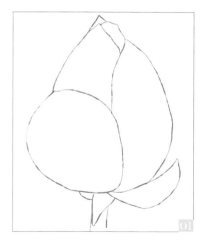

Step 03 新建"明暗关系"图层,选择"晕染水墨"画笔工具,选择色卡为"995181"(●)和"a4d057"(●)的颜色绘制出亮面和暗部,加强明暗对比。

Step 04 新建"局部晕染"图层,选择色卡为"e5e7ba"( )、"f3def0"( )和"b9ccb1"(●)的颜色丰富画面。锁定"线稿"图层的透明像素,选择色卡为"7d546f"(●)和"526143"(●)的颜色调整线稿,完成绘制。

T i p s

上色时可以通过手劲的变化控制笔感压力以产生不同的效果,丰富色彩的层次,如右图所示。

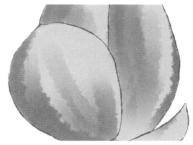

| 同种色彩不同笔感压力产生的效果变化 |

4·5·4 石榴花苞的表现

石榴花的花萼一般呈钟形，表面光滑具有腊质感，常为橙红色。接下来对未开放时石榴花苞的表现进行讲解。

1 绘制要点

（1）色彩一定要刻画得丰富一些，这样整体画面的层次会更加丰富，看起来也会更加精细。

（2）造型时可以适当搭配叶片和花柄，完善画面的构图，让画面看起来更加整体。

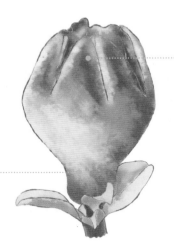

绘制花苞顶端时注意把握好局部造型，转折面的透视要准确，结构要交代清楚。

注意把握好叶片的透视关系，物体之间的遮挡关系要准确。

2 绘制步骤

Step 01　新建一个空白画布并新建"线稿"图层，选择"铅笔"画笔工具，选择深灰色"434540"（●）绘制出石榴花花苞的轮廓。

Step 02　新建"底色"图层，选择"常用水墨"画笔工具，选择色卡为"e25417"（●）、"d4dd6b"（●）和"6b4b3c"（●）的颜色绘制出底色。

Step 03　新建"明暗关系"图层，选择"晕染水墨"画笔工具，选择色卡为"ea8155"（●）和"7d842c"（●）的颜色绘制出亮面和暗部，加强明暗对比。

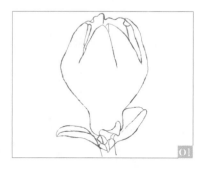

01

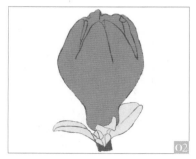

02

03

Step 04　新建"晕染"图层，选择色卡为"edbf8a"（●）和"c9b735"（●）的颜色丰富亮面，选择色卡为"8a2f0e"（●）的颜色进一步加强暗面。锁定"线稿"图层的透明像素，选择色卡为"7c4936"（●）和"484c25"（●）的颜色调整线稿，完成绘制。

04

4·5·5 牵牛花花苞的表现

牵牛花的外形看起来类似于喇叭状，它的品种有很多，常见的有蓝色、桃红色和紫红色等。它的花苞尖并且有些扭曲，线条很灵动。接下来对开始开放牵牛花花苞的表现进行讲解。

1 绘制要点

（1）注意拉开近景、中景和远景的空间距离。

（2）牵牛花花瓣的边缘变化丰富，绘制时注意把握好外形特征。

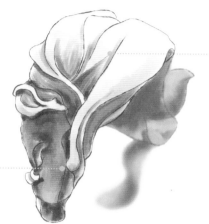

线条可以用深色部分的颜色绘制，这样可以让画面看起来更加和谐统一。

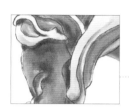

上色时注意颜色的深浅变化，层次感要丰富。

2 绘制步骤

Step 01 新建一个空白画布并新建"线稿"图层，选择"铅笔"画笔工具，选择深灰色"434540"（●）绘制出牵牛花花苞的外轮廓。

Step 02 新建"底色"图层，选择"常用水墨"画笔工具，选择色卡为"90ae47"（●）、"ecd7f1"（ ）和"f6fee1"（ ）的颜色绘制出底色。

Step 03 新建"明暗关系"图层，选择"晕染水墨"画笔工具，选择色卡为"cb529e"（●）和"51612c"（●）的颜色绘制出暗部，加强明暗对比。

Step 04 新建"局部细节"图层，选择色卡为"71064a"（●）的颜色进一步刻画阴影和细节部分。锁定"线稿"图层的透明像素，选择色卡为"71064a"（●）和"51612c"（●）的颜色调整线稿。选择"套索工具"对远处的叶片进行选区，选择"滤镜"→"模糊"→"高斯模糊"调整画面的虚实对比关系，完成绘制。

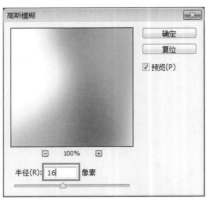

● 使用"高斯模糊"前效果   ● 使用"高斯模糊"后效果

4.6 叶片的画法

　　植物叶片是叶的主体部分，一般呈很薄的扁平状态，主要作用为吸收光和二氧化碳同时进行光合作用。叶片有上表面和下表面之分，主要由表皮、叶肉和叶脉组成，其中在叶片上分布着的叶脉主要起到支撑叶片的伸展和输导的作用。

4.6.1 不同形状的叶片范例

　　叶片的形态丰富多样，无论是叶片的外形、尖端、基部或边缘等都有所不同。接下来对不同形状叶片的画法进行举例。

1 针形　　　　　　　　　　2 扇形

3 披针形　　　　　　　　　4 倒披针形

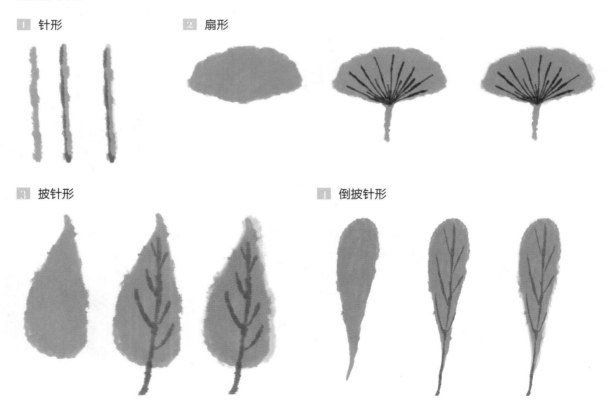

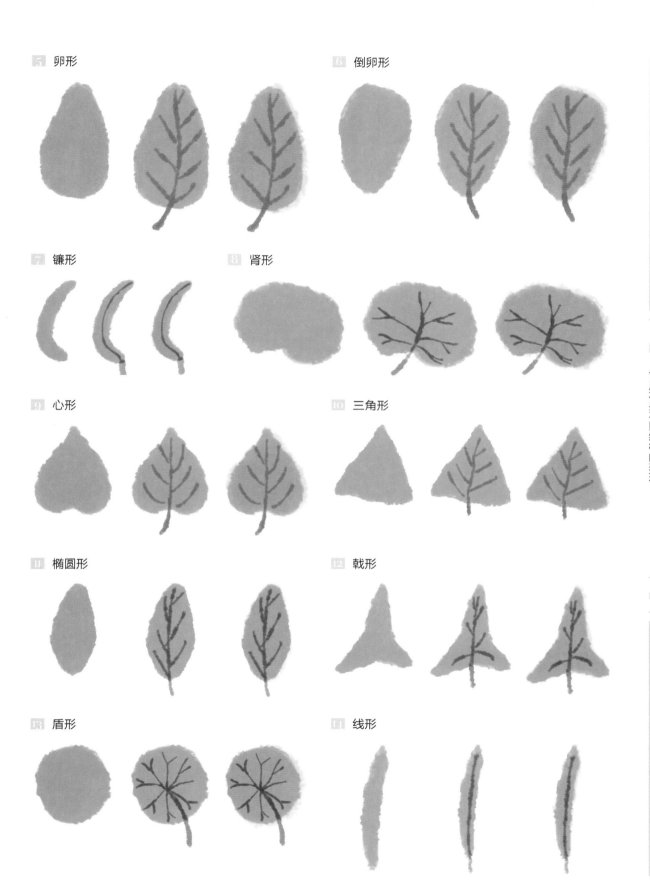

5 卵形

6 倒卵形

7 镰形

8 肾形

9 心形

10 三角形

11 椭圆形

12 戟形

13 盾形

14 线形

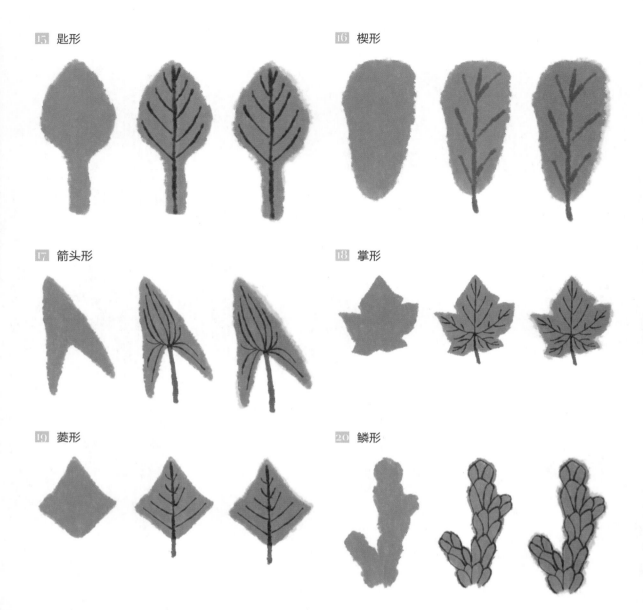

15 匙形

16 楔形

17 箭头形

18 掌形

19 菱形

20 鳞形

4.6.2 各种类型的复叶

相对于大小相同的单叶而言，由多数分离的小叶组成并且共同生长在一个叶柄上的小叶叫作复叶。根据小叶在叶轴上不同的排列方式和数目，可以把复叶分为羽状复叶、三出复叶、单身复叶和掌状复叶几种类型。接下来对各种类型的复叶进行讲解。

1 羽状复叶

羽状复叶是指由多数小叶排列在叶轴两侧并呈羽毛状的叶子，而根据叶轴顶端一片小叶和两片小叶的区别又分为奇数羽状复叶和偶数羽状复叶。除此之外，还有一回羽状复叶、二回羽状复叶、多回羽状复叶以及参差羽状复叶等，常见的羽状复叶植物有槐树、合欢树、蔷薇和月季等。

下面是各种羽状复叶的范例展示。

● 奇数羽状复叶　　　　　● 偶数羽状复叶　　　　　● 二回羽状复叶

2 三出复叶

　　三出复叶是指在总叶柄顶端只生长着 3 片小叶的叶子，而三出复叶又有羽状三出复叶和掌状三出复叶之分，常见的三出复叶植物有大豆和车轴草等。下面是常见的三出复叶的范例展示。

● 掌状三出复叶　　　　　　　　　　　● 羽状三出复叶

3 单身复叶

　　单身复叶是指由三出复叶退化后，顶端只有一片小叶并且在叶轴顶端和小叶相连的地方有明显关节的叶子。常见的单身复叶植物有橘子树、柚子树和花椒树等，如右图所示。

● 单身复叶

4 掌状复叶

　　掌状复叶是指没有明显叶轴，但叶片生长在总叶柄顶端的一个点上并且小叶呈掌状向外伸展的叶子。常见的掌状复叶有七叶树和发财树等，如右图所示。

● 掌状复叶

常见古风花卉的绘制

◎ **本章要点**

本章主要介绍海棠、海桐、迎春花、杜鹃花、凤凰花、鸢尾花、梨花、绣球花、荷花、芍药、丹枫、菊花、梅花和茶花等常见古风花卉的绘制方法。

5.1 海棠

　　海棠花是属于蔷薇科的乔木之一，高可达 8 米，其小枝粗壮，呈圆柱形，叶片呈椭圆形至长椭圆形，长 5~8 厘米，宽 2~3 厘米，叶柄长 1.5~2 厘米。海棠花花序近伞形，有 4~6 朵花聚集在一起，也有单独开放的，每朵花的直径 4~5 厘米，花梗长 2~3 厘米。海棠花花瓣呈卵形，长 2~2.5 厘米，宽 1.5~2 厘米。海棠花一般花期在 4~5 月。

　　接下来将对红海棠的绘制要点和绘制步骤进行讲解。

1 绘制要点

　　（1）把握好红海棠的主要外形特征和色调。

　　（2）构图要清晰明确，整体画面要美观。

　　（3）注意红海棠色彩层次。

叶脉要清晰且有规律地进行排列。

树枝的体积感通过颜色的深浅渐变来修饰。

给花朵上色时，注意花瓣之间的层叠关系。

2 绘制步骤

Step 01　打开 Photoshop 软件，执行"文件"→"新建"命令弹出"新建"对话框，选择"国际标准纸张"，选择 A4 纸大小，分辨率调为 300 像素 / 英寸，单击"确定"。

Step 02　按快捷键"R"将画布（纸张）旋转 90°。

Step 03　新建"草图"图层，选择 1.3 节中设置的"常用水墨"画笔工具，将画笔大小设置为 9 像素。

Step 04　选择黑色"000000"（●），根据海棠花的特征和结构在画布上绘制出海棠花的草图，并把"草图"图层的不透明度降低至 36 %。

Tips

绘制草图是为了更方便、细致地刻画海棠花的线稿。

Step 05　在"草图"图层上方新建一个"线稿"图层，选择 "常用水墨"画笔，选择深咖色"6e4c37"（●）。根据草图从局部入手，准确绘制出右边海棠花的线稿。

Step 06　继续绘制出剩余部分海棠花的线稿，并隐藏"草图"图层，让线稿看起来更加清晰明了。精修线稿，擦除多余的线条或补全缺少的部分。

| 海棠花线稿的绘制技巧 |

选择"硬边圆压力不透明度"画笔工具，首先画出一朵朝向左下方海棠花苞的轮廓，接着在上一朵花的后方绘制出朝向左上方花苞的轮廓，然后在空白处继续添加不同方向的花苞，完善线稿，注意把握好生长方向和前后遮挡关系。

Step 07 锁定"线稿"图层，保护线稿不被破坏。在"线稿"图层下方新建"花朵上色"图层。选择"硬边圆压力不透明度"画笔工具，选择浅粉色"fac8c8"（⬤）绘制出花朵的底色。

Step 08 新建"叶子"和"树枝"图层。选择"硬边圆压力不透明度"画笔工具，分别给叶子和树枝填充浅灰绿色"dddcc5"（⬤）和褐色"a57a6b"（⬤）。

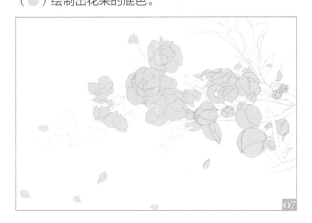 

Tips

给海棠花上色时一定要把花、叶、枝用图层分开上色，这样在底色上添加颜色时可以更方便，没有顾虑。

Step 09 在"花朵上色"图层上方新建"深色图层"，选择"晕染水墨"画笔工具，调整成合适的大小，选择红色"e9807f"（⬤）在花瓣的边缘轻轻刷出花瓣的深色。

Step 10 在"深色"图层上方新建"浅色"图层，选择比白色深一点的水红色"fdf2f2"（ ）绘制出花瓣根部的色彩，注意处理好色彩的渐变效果。

陌上花开 古风CG插画绘制技法精解（花卉篇）

128

使用画笔工具时可以根据具体需要调整成合适的大小，绘制深色花朵时注意颜色的过渡，要画出渐变的感觉。

Step 11 在"浅色"图层上方新建 "阴影"图层，选择比花瓣边缘更深的深红色"d15353"（●）绘制花瓣的背面和花瓣尖端。

Step 12 在"花朵"图层下，"叶子"图层上方新建"深色"图层，并按住"Alt"键执行"向下指引"命令，这样在"深色"图层上涂色就不会超出"叶子"图层的底色范围。

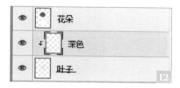

Step 13 选择"晕染水墨"画笔工具，选择土黄色"cda172"（●）在叶子的根部和叶柄处刷上暖色调，让叶子和树枝的颜色更好地融合在一起。

Step 14 在"深色"图层上新建 "阴影"图层，继续执行"向下指引"命令。选择深褐色"9f754c"（●），根据光影关系给叶子刷上阴影。

Step 15 在"叶子"图层上新建"叶子脉络"图层，选择"常用水墨"画笔，选择较深的灰绿色"7c7b4c"（●）绘制出叶子的脉络。在"树枝"图层上方新建"阴影"图层，选择"晕染水墨"画笔，选择熟褐色"5e4035"（●）给树枝画上阴影。

Step 16 在"草图"图层上新建"背景"图层，选择"晕染水墨"画笔，选择红色"e9807f"（●）绘制出海棠花的背景。最后，在"线稿"图层下方新建"点缀"图层，选择画笔面板自带的"喷溅01"画笔绘制出细碎的飞白效果，使整幅画面更加美观，更有氛围。

5.2 海桐

海桐属于常绿灌木或小乔木，生长时高可以达到6米，叶子常常聚集生于树枝顶端，呈倒卵形或倒卵状披针形，叶子一般长4~9厘米，宽1.5~4厘米，上面颜色为深绿色，叶子顶端呈圆形或钝形，叶子形状常微微凹入或为微心形，侧脉有6~8对，叶柄长达2厘米。海桐开花为伞形花序或伞房状伞形花序，一般聚集在树枝顶端或近顶端，花梗长1~2厘米。花的颜色一般先是白色，有芳香，后变成黄色。花瓣形状为倒披针形，长1~1.2厘米。

接下来将对海桐花的绘制要点和绘制步骤进行讲解。

1 绘制要点

（1）把握好海桐的主要外形特征和色调。

（2）构图要清晰明确，整体画面要美观。

（3）注意海桐色彩层次。

注意叶片之间的交叠，颜色过渡要表现出叶片的质感和厚度。

留意花瓣的颜色深浅过渡要自然。

2 绘制步骤

Step 01　打开 Photoshop 软件，新建 A4 纸大小画布。新建"草图"图层，选择"常用水墨"画笔，选择红咖色"bb7171"（●）绘制出海桐花的草图，注意把握好外形特征。

Step 02　将"草图"图层不透明度调成 36%，新建"线稿"图层。选择"常用水墨"画笔，将画笔大小设置为 9 像素，选择深绿色"728f71"（●）准确绘制出海桐花的线稿。

Step 03　将"草图"图层隐藏，锁定"线稿"图层，并在"线稿"图层下方新建"花朵上色"图层。选择"硬边圆压力不透明度"画笔工具，选择浅黄绿色"eef1df"（　），将花朵部分填充完整。

Step 04　分别新建"深色"和"浅色"图层，并按住"Alt"键执行"向下指引"命令。选择"晕染水墨"画笔，分别选择黄绿色"e8e7ac"（●）和浅黄绿色"f7f8ea"（　）丰富花瓣层次。

海桐花线稿的绘制技巧

　　选择"硬边圆压力不透明度"画笔工具，首先画出朝向正下方花瓣的轮廓，接着在上一片花瓣的右方绘制出不同朝向花瓣的轮廓，然后继续添加并完善花朵的轮廓，注意把握好花瓣的外形特征及透视关系。

Step 05 新建"花瓣阴影"图层，继续执行"向下指引"命令。选择"晕染水墨"画笔，选择深黄绿色"bfc18c"（●）刻画出花瓣的阴影，使花朵更有立体感和层次感。

Step 06 在"花朵上色"图层下方新建"叶子"图层。选择"硬边圆压力不透明度"画笔，选择绿色"a6c89f"（●）给叶子填充底色。

Step 07 新建"叶子阴影"图层，并实行向下指引命令。选择"晕染水墨"画笔，选择深绿色"789a71"（●）给叶子刷上阴影，注意颜色的深浅过渡要自然。

Step 08 新建"浅色"图层，选择"晕染水墨"画笔，选择黄色"c8d699"（●）在叶子的中间刷上亮色，让叶子看上去更有生气。

Step 09 在"浅色"图层上新建"添色"图层，选择蓝灰色"80ad9f"（●）丰富叶子的色彩层次感。

Step 10 合并所有可见图层，选择"滤镜"→"渲染"中的"镜头光晕"，将镜头的焦点移至所有叶子的交接的地方，将亮度调为139%，调整并完善画面，完成绘制。

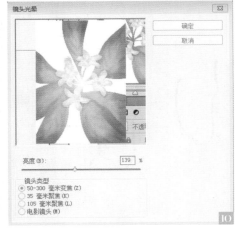

5·3 迎春花

迎春花属于落叶灌木，丛生，每株高 30~100 厘米，小枝一般细长直立或呈拱形下垂，呈现为纷披状。迎春花每 3 片小叶复叶交互对生，叶子呈卵形近似矩圆形，花朵单独生长在去年生长的枝条上，比叶子要先开放，开放时有清香，颜色为金黄色。花瓣外端会染上红晕。花期一般在 3~5 月。

接下来将对迎春花的绘制要点和绘制步骤进行讲解。

1 绘制要点

（1）把握好迎春花的主要外形特征和色调。

（2）构图要清晰明确，整体画面要美观。

（3）注意迎春花色彩层次。

注意花瓣之间的交叠，要表现出花朵的立体感。

在表现树枝的立体感时也要注意环境色对树枝的影响。

花瓣飘落时要注意形态的变化。

给树叶上色时要注意颜色过渡自然。

2 绘制步骤

Step 01 打开 Photoshop 软件，新建 A4 纸大小画布。新建"草图"图层，选择"常用水墨"画笔，选择黑色"000000"（●），根据迎春花的特征和结构绘制出海棠花的草图。

Step 02 将"草图"图层不透明度调成 36%，新建"线稿"图层。选择"常用水墨"画笔，将画笔大小设置为 9 像素，准确绘制出迎春花的线稿。隐藏"草图"图层并锁定"线稿"图层。

Step 03 新建"叶子"图层，选择"硬边圆压力不透明度"画笔，选择浅绿色"accba3"（●），将叶子部分填充完整。

Step 04 在"叶子"图层上方新建"深色"图层，并按住"Alt"键执行"向下指引"命令。选择"晕染水墨"画笔，选择深绿色"307e5b"（●），在叶子的尖部和背面加强叶子立体感。

"晕染水墨"画笔工具可以将颜色刻画得非常漂亮。

| 迎春花线稿的绘制技巧 |

　　选择"硬边圆压力不透明度"画笔工具，首先用轻松随意的曲线绘制出一片朝向右方花瓣的轮廓，接着在上一片花瓣的周围绘制出剩余部分花瓣的轮廓，注意把握好花瓣生长方向和层次关系，线条要自然流畅并且有虚实变化。

陌上花开　古风CG插画绘制技法精解（花卉篇）

134

Step 05 新建"亮面"图层，继续执行"向下指引"命令。选择黄绿色"cfc775"（●）给叶子添上暖色调，使叶子颜色更丰富，显得更好看。

Step 06 新建"树枝"图层，选择"硬边圆压力不透明度"画笔，选择褐色"988265"（●）绘制出树枝的底色。在"树枝"图层上方分别新建"阴影"和"亮面"图层，选择深咖啡色"7c6b51"（●）和浅褐色"9c8a6e"（●）将树枝的阴影和亮面画出来，使树枝更有立体感。

Step 07 新建"花朵"图层，选择"硬边圆压力不透明度"画笔，选择黄色"efeec3"（ ）给迎春花的花瓣添上底色。

Step 08 新建"花朵深色"图层，选择"晕染水墨"画笔，选择橘黄色"e0b957"（●）给花瓣刷上渐变层次感，刻画体积感。

Step 09 新建"浅色"图层，选择"晕染水墨"画笔，选择淡黄色"fcfcf4"（ ）在花朵的中间和花瓣的根部刷上亮色。选择黄灰色"ccc381"（●）在花瓣交叠的部位刷上阴影，加强花瓣的立体层次感。新建"花蕊"图层，选择"常用水墨"画笔，选择深褐色"9f754c"（●）勾画出花朵的花蕊。

Step 10 新建"背景"图层，选择"云朵"画笔工具，选择浅蓝色"d7ebf3"（ ）在背景层上轻轻画出渐变的云彩，并把图层不透

明度降低至15%。最后，新建"点
缀"图层，选择画笔面板自带的"喷
溅01"画笔，选择黄色"e0b957"
（●），给迎春花绘制出细碎的飞
白效果即可。

Tips

云朵的虚实和明暗关系可以通过选择不同的不透明度（15%~100%）来表现，注意云彩层次过渡要自然。

5.4 杜鹃花

　　杜鹃花是落叶灌木之一，杜鹃树一般高2~7米，分枝一般多而纤细，叶子呈革质，常常聚集生于树枝顶端。花朵一般呈卵形、椭圆状卵形、倒卵形，或者倒卵形至倒披针形。花瓣长1.5~5厘米，宽0.5~3厘米，花朵一般2~3朵或者2~6朵簇生在枝顶上。花期一般在4~5月。

　　接下来将对杜鹃花的绘制要点和绘制步骤进行讲解。

█ 绘制要点

　　（1）把握好杜鹃花的主要外形特征和色调。

　　（2）构图要清晰明确，整体画面要美观。

　　（3）注意杜鹃花色彩层次。

注意通过色彩的变化表现出花苞的体积感。

给花朵上色时要注意颜色过渡要自然，体现出花瓣的质感。

树枝的凹凸不平要通过线稿表现出来，上色时注意体现出树枝的立体感。

2 绘制步骤

Step 01 打 开 Photoshop 软 件，新建 A4 纸大小画布。新建"草图"图层，选择"常用水墨"画笔，选择深咖色"6e4c37"（●）勾勒出杜鹃花的大致外形。

Step 02 将"草图"图层不透明度调成 36%，新建 "线稿"图层。选择 "常用水墨"画笔，选择深咖色"85734c"（●）从局部入手绘制线稿。

Step 03 继续绘制剩下部分的线稿，并隐藏"草图"图层。精修线稿，将多余的线条擦除或补全缺少的部分。

Step 04 锁定"线稿"图层，新建"花朵"图层。选择 "硬边圆压力不透明度"画笔，选择浅粉色"f2a49e"（●）将花朵部分填充完整。

| 杜鹃花线稿的绘制技巧 |

选择"硬边圆压力不透明度"画笔工具，首先从局部入手，绘制出两片不同朝向花瓣的轮廓，接着在上一步的基础上绘制出剩余部分花瓣的轮廓，注意把握好杜鹃花的外形特征。

Step 05 新建"深色"和"阴影"图层，并按住"Alt"键执行"向下指引"命令。选择"晕染水墨"画笔，选择深红色"d35047"（●）和暗红色"c55850"（●）绘制出花朵的体积感。

Step 06 新建 "亮面"图层，选择亮红色"f99b8d"（●）给花瓣尖刷出光照的感觉，注意体现花瓣的质感，也要注意刷出一点渐变感。

Step 07　新建"枝叶"图层，选择"硬边圆压力不透明度"画笔，选择浅绿色"aac0a2"（●）给杜鹃花的枝叶填充底色。

Step 08　新建"嫩叶"和"阴影"图层，按住"Alt"键执行"向下指引"命令。选择"晕染水墨"画笔，选取嫩绿色"cbe5c2"（●）和深绿色"93a88a"（●）刻画叶片的体积感，注意把握好光源方向。

Step 09　新建"亮面"图层，继续执行"向下指引"命令，选择"晕染水墨"画笔，选择黄绿色"ccd599"（●）给枝叶添上更丰富的色彩。

Step 10　新建"点缀"图层，选择画笔面板自带的"喷溅01"画笔，选择红色"d35047"（●）绘制出细碎的飞白效果，使整幅画面更加美观，更有氛围。注意调整图层的不透明度，加强画面虚实对比关系。

5·5 凤凰花

　　凤凰花是凤凰木所开的花，凤凰木是落叶乔木之一，高可达 20 米，树冠宽广，树叶为二回羽状复叶，小叶为长椭圆形。凤凰花的花型为伞房状总状花序，顶生或腋生。凤凰花的花大而美丽，直径有 7~10 厘米，颜色呈鲜红色至橙红色，具有 4~10 厘米长的花梗。凤凰花的花萼有 5 片，里面是红色，边缘是绿黄色，花瓣也是 5 瓣，花瓣形状呈匙形，颜色为红色，花期一般在 6~7 月。

　　接下来将对凤凰花的绘制要点和绘制步骤进行讲解。

1　**绘制要点**

　　（1）把握好凤凰花的主要外形特征和色调。

　　（2）构图要清晰明确，整体画面要美观。

　　（3）注意凤凰花色彩层次。

注意要体现出果实的体积感。

要注意通过颜色的变化表现出花瓣的透明度。

在给花萼上色时要注意体现出花萼的质感。

2 绘制步骤

Step 01 打开 Photoshop 软件，新建 A4 纸大小画布。新建"草图"图层，选择"常用水墨"画笔，选择浅咖啡色"85734c"（●）根据凤凰花的特征和结构，绘制出一朵凤凰花的大致形状。

Step 02 在上一朵花的左边绘制出另一朵不同形态的凤凰花的外轮廓。

Step 03 继续添加一朵不同形态的凤凰花，将凤凰花的草图勾画完整。精修草图，将多余的部分擦掉或者补全缺少的部分，并将"草图"图层改名为"线稿"图层。

| 凤凰花线稿的绘制技巧 |

选择"硬边圆压力不透明度"画笔工具，首先画出一片朝向右上方凤凰花瓣的轮廓，接着在周围继续绘制出几片不同朝向花瓣的轮廓，然后添加花柄等完善花卉的结构，注意花瓣的透视关系要准确。

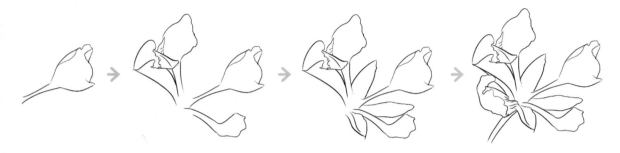

Step 04 锁定"线稿"图层，保护线稿不被破坏。新建"花朵"图层，选择"硬边圆压力不透明度"画笔，选择红色"eaa4a4"（●）将花朵部分填充完整。

Step 05 新建"深色"和"阴影"图层，选择"晕染水墨"画笔，选择深红色"e79393"（●）在花瓣的边缘轻轻刷出花瓣的深色。选择暗红色"d26f6f"（●）在花瓣的根部和边缘刷上因花瓣叠加而形成的暗红色，并轻轻画出花瓣的纹路。

Step 06 新建"亮面"和"花蕊"图层，选择"晕染水墨"画笔，选择橘红色"f3877d"（●）在花瓣的边缘结合光影效果给花瓣添色亮色，加强花朵的色彩关系。选择"常用水墨"画笔，选择暗红色"e28484"（●）在"花蕊"图层上勾勒出花蕊。

Step 07 新建"枝叶"图层，选择"硬边圆压力不透明度"画笔，选择绿色"94b18a"（●）给凤凰花的枝叶填上底色。

Step 08 在"枝叶"图层上新建"阴影"和"亮面"图层，选择"晕染水墨"画笔，分别选择深绿色"76956b"（●）和浅绿色"acc9a2"（●）绘制出枝叶的明暗关系。

Step 09　新建"花萼脉络"和"添色"
图层，选择"晕染水墨"画笔，分
别选择黄绿色"c3d0a1"（）
和红色"eaa4a4"（ ）给枝叶
做最后的处理，加强枝叶的立体感
和层次感。隐藏"线稿"图层，使
整幅画面更加和谐融洽。

Tips

上色过程中要结合凤凰花的线稿
上色，且颜色的过渡要自然。

● 线稿隐藏前

● 线稿隐藏后

5.6 鸢尾花

　　鸢尾花是多年生草本植物之一，花朵一般生长在分枝的顶端，或者仅在花茎顶端生 1 朵花，鸢尾花的花型
较大，有蓝紫色、紫色、红紫色、黄色和白色等多种颜色，花朵被裂片为 6 枚花瓣，2 轮排列，外轮花被裂片 3 枚，
内轮花被裂片 3 枚，花瓣呈直立状或者向外倾斜。叶子一般是基生，相互套叠，排成 2 列，叶子形状为剑形、
条形或丝状，基部为鞘状，顶端渐尖。鸢尾花一般是 5 月开花。

　　接下来将对鸢尾花的绘制要点和绘制步骤进行讲解。

1 绘制要点

　　（1）把握好鸢尾花的主要外形特征和色调。

　　（2）构图要清晰明确，整体画面要美观。

　　（3）注意鸢尾花色彩层次。

141

在勾画线稿时要注意花瓣边缘的不规则形态。

给树叶上色时要根据光影效果进行上色。注意颜色过渡要自然。

给花瓣上色时注意颜色的过渡要自然。

2 绘制步骤

Step 01 打开 Photoshop 软件，新建 A4 纸大小画布。新建"草图"图层，选择"常用水墨"画笔，选择褐色"85734c"（●）勾画出一朵鸢尾花及叶片的草图。

Step 02 在顶端添加一朵不同形态的鸢尾花，将鸢尾花的草图勾画完整。精修草图，将多余的部分擦掉或者补全缺少的部分。将"草图"图层改名为"线稿"图层。

Step 03 锁定"线稿"图层，新建"花朵"图层，选择 "硬边圆压力不透明度"画笔，分别选择紫色"d6b5e9"（●）和淡紫色"f6eafc"（●）填充上下两朵鸢尾花的底色。

Step 04 在"花朵"图层上方新建"花卉细化"图层，选择"晕染水墨"画笔，选择深紫色"c59cdc"（●）绘制出顶端较大鸢尾花花瓣的深色。选择浅紫色"e6ccf5"（●）绘制出顶端花卉的浅色及小朵花卉的暗部。

T i p s

　　深色的叠加从花瓣的边缘轻轻刷出，注意颜色的过渡，要画出一点渐变的感觉。

| 鸢尾花线稿的绘制技巧 |

　　选择"硬边圆压力不透明度"画笔工具，首先用抖线画出中间部分近景花瓣的轮廓，接着绘制出剩余主体部分花瓣的轮廓，然后添加并完善花卉的造型，交代清楚结构，完成绘制。

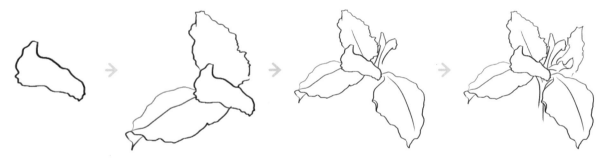

Step 05 新建"添色"图层，分别选择蓝紫色"aa7fe6"（●）和浅蓝紫色"c6c1ec"（●）在上下两朵鸢尾花的花瓣的边缘轻轻刷出花瓣的纹路，丰富花瓣的色彩及细节。

Step 06 新建"枝叶"图层，选择"硬边圆压力不透明度"画笔，选择绿色"94bd85"（●）给鸢尾花的枝叶填上底色。

Step 07 新建"阴影"和"亮面"图层，选择深绿色"7ea370"（●）和浅绿色"afd198"（●），根据光源方向绘制出鸢尾花枝叶的暗面和亮面颜色，使枝叶更具立体感。

Step 08 新建"点缀"图层，选择画笔面板自带的"喷溅01"画笔，选择紫色"d6b5e9"（●）绘制出细碎的飞白效果。隐藏"线稿"图层，使整幅画面更加美观，更有氛围。

5·7 梨花

梨花是梨树开的花，梨树是落叶乔木之一，生长时高可以达到 10 米，梨花的花朵为伞房花序，是两性花。梨花花瓣近圆形或宽椭圆形，花分为 5 瓣，花梗较长，数朵相生于叶丛中，其颜色一般为纯白色。梨花叶子呈卵形，边缘有细锯齿，先端尖，梨树一般在 4 月开花。

接下来将对梨花的绘制要点和绘制步骤进行讲解。

绘制要点

（1）把握好梨花的主要外形特征和色调。

（2）构图要清晰明确，整体画面要美观。

（3）注意梨花色彩层次。

上色过程中要注意体现花瓣的质感和明暗层次。

给树枝上色时要根据线稿画出树枝的立体形态。

勾画花蕊时记得花蕊也有渐变。

2 绘制步骤

Step 01　打开 Photoshop 软件，新建 A4 纸大小画布。新建"草图"图层，选择深咖色"6e4c37"（●），根据梨花的特征和结构绘制出梨花的草图。

Step 02　将草图不透明度调成 36%，新建"线稿"图层，选择"常用水墨"画笔，将画笔大小设置为 9 像素，选择黑色"000000"（●）从局部入手绘制出梨花左边部分的线稿。

Step 03　继续刻画剩余部分的梨花线稿，将"草图"图层隐藏，让线稿看起来更清晰明了。

| 梨花线稿的绘制技巧 |

　　选择"硬边圆压力不透明度"画笔工具，首先用轻松随意的线条画出一片梨花花瓣的轮廓，接着在上一片花瓣的周围继续绘制出剩余部分花瓣的轮廓，然后用抖线绘制出花卉中心部分的轮廓，完成绘制。注意线条可以适当断开，不要画得过于呆板。

Step 04　选择"硬边圆压力不透明度"画笔，选择微黄色"f7f7ed"（　）将花朵部分填充完整。

Step 05　新建"深色"图层，选择"晕染水墨"画笔，选择灰色"ddddd3"（　）在花瓣的中间轻轻刷出花瓣的深色。

Step 06　新建"添色"和"亮面"图层，选择比白色深一点的水蓝色"e3eef0"（　）在花瓣的中间或边缘点缀一点冷色调。选择鹅黄色"f3f4de"（　）刷出花瓣的亮面色彩。

Tips

在画白色的花朵时，选择白色上色会看不见，所以一般会选择与白色相近的颜色来填充，最后体现出白色的质感。

Step 07　新建"脉络1"和"脉络2"图层，选择灰黄色"deded1"（　）和浅灰黄绿色"ecede2"（　）刷在花瓣的中间，加强花瓣的立体感和层次感。

Step 08　新建"花蕊"图层，选择"常用水墨"画笔，选择绿色"b7d0a3"（　）勾画出梨花的花蕊，选择鹅黄色"f3f4de"（　）在花蕊根部刷出渐变的色彩。新建"叶子"和"树枝"图层，选择"硬边圆压力不透明度"画笔，分别选择绿色"b7d0a3"（　）和熟褐色"736847"（　）给梨花的枝叶填上底色。

Step 09　新建"阴影"图层，选择"晕染水墨"画笔，选择绿色"97b182"（　）和深褐色"3e3429"（　）给枝叶添上阴影，使枝叶变得更具立体感。

Step 10 新建"亮面"图层，选择"晕染水墨"画笔，选择深晒黑色"aa9b77"（●）和深红赭色"593e32"（●）给枝叶添上暖色调，使枝叶的色彩更丰富、更好看。

Step 11 新建"点缀"图层，选择绿色"97b182"（●）绘制出细碎的飞白效果。新建"背景"图层，选择晒黑色"bba07a"（●），按快捷键"Alt+Delete"填充前景色，可以让梨花更加明显些。最后，隐藏"线稿"图层，使整幅画面更加美观，更和谐有氛围。

5.8 绣球花

　　绣球花是落叶灌木之一，一般高 1~4 米。绣球花的花型为伞房状聚伞花序近球形，球形直径一般有 8~20 厘米，具有短小的总花梗，分枝粗壮，花朵密集。花瓣形状一般呈阔卵形或近圆形，花瓣长 1.4~2.4 厘米，宽 1~2.4 厘米。绣球花颜色有粉红色、淡蓝色和白色等。叶子为纸质或近革质，形状呈倒卵形或椭圆形，叶长 6~15 厘米，宽 4~11.5 厘米，先端骤尖，花期一般在 4~5 月。

　　接下来将对绣球花的绘制要点和绘制步骤进行讲解。

1 绘制要点

　　（1）把握好绣球花的主要外形特征和色调。

　　（2）构图要清晰明确，整体画面要美观。

　　（3）注意绣球花色彩层次。

注意给绣球花上色时要注意花朵的前后关系。

在表现大簇花团的亮面时，也要注意给在亮面的小花朵画上阴影表现出立体感。

给叶子上色时注意颜色的过渡要自然。

Step 01 打开 Photoshop 软件，新建 A4 纸大小画布。新建"草图"图层，选择"常用水墨"画笔，将画笔大小调节为 5 像素。选择黑色"000000"（●），根据绣球花的特征和结构绘制出绣球花的草图。

Step 02 继续添加画出绣球花叶片的轮廓，完善画面的构图，注意物体之间的遮挡关系要准确。完善草图后将"草图"图层重命名为"线稿"图层。

Step 03 锁定"线稿"图层并新建"花朵"图层，选择 "硬边圆压力不透明度"画笔，选择浅紫色"bfb6e7"（●）把 3 朵绣球花的花朵底色填充完整。

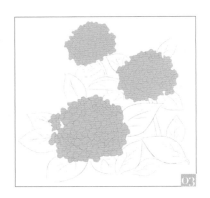

| 绣球花线稿的绘制技巧 |

选择"硬边圆压力不透明度"画笔工具，首先画出一小朵朝向正上方绣球花花朵的轮廓，接着用同样的方法多画几朵小花的轮廓，然后逐渐添加并完善花卉的线稿，注意把握好小花之间的层次关系和疏密变化。

  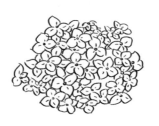 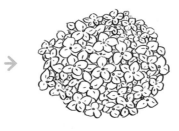

Step 04 新建"深色"图层，选择"晕染水墨"画笔，选择"8582cf"（●）"917fce"（●）和"a584cf"（●）不同深浅的紫色绘制出绣球花的暗部以丰富画面的颜色。

Step 05 新建"阴影"图层，选择"7c82c5"（●）"8d81c9"（●）和"8f7bc0"（●）颜色进一步刻画绣球花花团的阴影。

Step 06 新建"亮面"图层，选择"c7c2ea"（●）"cdc3ec"（●）和"d6c0eb"（●）颜色绘制出绣球花团的亮面颜色及高光部分，加强整个花团的立体感。

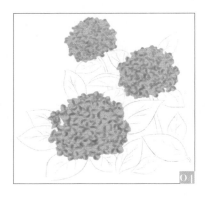

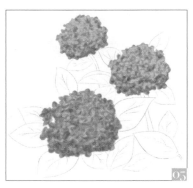

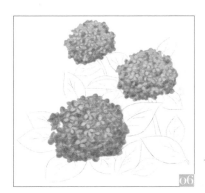

Step 07　新建"叶子"图层，选择"硬边圆压力不透明度"画笔，选择绿色"9fa45d"（●）给叶子填充底色。

Step 08　新建"阴影"图层，选择深绿色"676b3c"（●）绘制出叶子的暗面，注意深浅过渡要自然。

Step 09　新建"亮面"图层，选择深绿色"adb16c"（●），绘制出叶子的亮面。新建一个"点缀"图层，选择绿色"9fa45d"（●）和浅紫色"bfb6e7"（●）绘制出细碎的飞白效果，使整幅画面更加美观，更有氛围。

5.9 荷花

　　荷花是多年生水生草本之一，荷花花朵单生于花梗顶端、高托于水面之上，直径有 10~20 厘米。荷花的花型有单瓣、复瓣、重瓣及重台等。荷花的颜色有白色、粉色、深红色、淡紫色和黄色或间色等变化。荷花的叶子为圆形，盾状，直径有 25~90 厘米，表面为深绿色，被蜡质白粉覆盖，荷叶边缘稍呈波状，叶脉从荷叶中央射出，有 1~2 次叉状分枝，荷花花期一般在 6~9 月。

　　接下来将对荷花的绘制要点和绘制步骤进行讲解。

绘制要点

　　（1）把握好荷花的主要外形特征和色调。

　　（2）构图要清晰明确，整体画面要美观。

　　（3）注意荷花色彩层次。

要通过颜色的变化表现出花苞的体积感。

在给荷花上色时颜色过渡要自然。

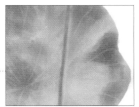

要根据荷花的线稿分辨出荷叶的阴影位置。

Step 01 打 开 Photoshop 软 件，新建 A4 纸大小画布。新建"线稿"图层，选择"常用水墨"画笔，选择黑色"000000"（●），根据荷花的特征和结构在画布上绘制出荷花的大致线稿。

Step 02 锁定"线稿"图层，新建"花朵"和"叶子"图层，选择"硬边圆压力不透明度"画笔，选择浅粉色"fbd2d9"（◍）给荷花花朵部分填充底色。

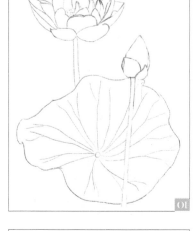

Step 03 新建"亮色"图层，选择"晕染水墨"画笔，选择黄色"f8e3ba"（◍）绘制出荷花的亮色，并丰富画面的色彩。

Step 04 新建"深色"图层，选择红色"e08695"（●）在荷花花瓣的边缘轻轻刷出花瓣的深色。

| 荷花线稿的绘制技巧 |

　　选择"硬边圆压力不透明度"画笔工具，首先画出一片近景荷花花瓣的轮廓，接着根据透视关系绘制出其他主要花瓣的轮廓，然后添加中间部分花瓣和花柄的轮廓，完善线稿。注意把握好花瓣的生长方向和层次感。

Step 05 新建"纹路"图层，选择"晕染水墨"画笔，选择深红色"ca3c55"（●）给荷花花瓣添上纹理，使画面看起来更加精细。

Step 06 新建"叶片"图层，选择绿色"a1c792"（●）绘制出荷叶的底色。

Step 07 新建"阴影"图层，选择深绿色"336f3c"（●）并根据荷花叶子线稿在荷花叶子中间和边缘添加阴影。

Step 08 新建"浅色"图层，选择黄绿色"a7c38e"（●）添加亮色，加强叶子的立体感。调整并完善画面，完成绘制。

5.10 芍药

芍药是草本花卉之一，花朵一般独开在茎的顶端，花瓣呈倒卵形，多可达到百枚以上，花盘为浅杯状，花朵颜色有白色、粉色、红色、紫色、黄色、绿色、黑色和复色等，花径长 10~30 厘米。芍药叶子是二回三出羽状复叶，一般长 20~24 厘米，小叶有椭圆形、狭卵形和披针形等，叶端长而尖，边缘微波状，叶面有黄绿色、绿色和深绿色等，芍药的花期一般在 5~6 月。

接下来将对芍药的绘制要点和绘制步骤进行讲解。

1 绘制要点

（1）把握好芍药的主要外形特征和色调。

（2）构图要清晰明确，整体画面要美观。

（3）注意芍药色彩层次。

给花瓣上色时颜色过渡要自然。

注意花瓣之间的前后关系和阴影层次等。

要表现出芍药花枝的立体感。

2 绘制步骤

Step 01 打开 Photoshop 软件，新建 A4 纸大小画布。新建"线稿"图层，选择"常用水墨"画笔，选择黑色"000000"（●），根据芍药的特征和结构绘制出芍药花型的草图。

Step 02 在芍药花草图的基础上添加枝叶的轮廓，完善线稿。

Step 03 锁定"线稿"图层，新建"花朵"图层，选择 "硬边圆压力不透明度"画笔，选择浅红紫色"efd7ef"（●）给花卉部分填充底色。

01

02

03

| 芍药线稿的绘制技巧 |

　　选择"硬边圆压力不透明度"画笔工具，从局部入手，首先画出一片花瓣的轮廓并以此为参照，接着在上一片花瓣的基础上继续绘制出芍药花中间部分花瓣的轮廓，然后继续添加外层花瓣，完善线稿的绘制。注意把握好线条的节奏感，层次变化要丰富。

Step 04　新建"深色"图层,选择"晕染水墨"画笔,选择玫红色"da80c0"(●)在芍药花瓣的根部添上深色。

Step 05　新建"阴影"图层,选择桃红色"d05b98"(●)在芍药花瓣的根部和花瓣层叠的位置添上阴影。选择黄色"f0e8d4"(●)表现中间部分花瓣的亮面颜色,加强芍药花瓣之间的前后关系,强化芍药花朵的立体感。

Step 06　新建"花蕊"图层,选择微黄色"f4e3d4"(●)在芍药花的中心画上花蕊的大面积底色,选择黄色"e9cc8b"(●)画上大致的花蕊颗粒。

Step 07　新建"叶片"图层,选择"硬边圆压力不透明度"画笔,选择绿色"7eb170"(●)填充底色。

Step 08　新建"阴影"图层,选择"晕染水墨"画笔,选择深绿色"426d36"(●)给芍药的叶子添上过渡色和阴影,加强叶子的立体感。

Step 09　新建"亮面"图层选择浅绿色"9ec581"(●)绘制出叶子的亮色,选择黄绿色"a7a866"(●)给叶子添上暖色调,丰富叶子的色彩,完成绘制。

5.11 丹枫

　　丹枫是指经霜泛红的枫叶,出自唐代诗人李商隐的诗作《访秋》。枫叶一般为掌状,五裂型,长约13厘米,宽度略大于常人手掌。枫叶中3片最大的裂片具有少数突出的齿,基部为心形,叶面粗糙,枫叶上面颜色为中绿至暗绿色,下面叶脉上有毛,秋季变为黄色至橙色或者红色。

　　接下来将对丹枫的绘制要点和绘制步骤进行讲解。

1 绘制要点

　　(1)把握好丹枫的主要外形特征和色调。

　　(2)构图要清晰明确,整体画面要美观。

　　(3)注意丹枫色彩层次。

给树枝上色时注意颜色过渡要自然。

上色过程中要注意体现丹枫的透明感。

绘制丹枫线稿时注意把握好外形特征，如叶子的锯齿。

② 绘制步骤

Step 01　打 开 Photoshop 软 件，新建 A4 纸大小画布。新建"线稿"图层，选择"常用水墨"画笔，选择黑色"000000"（●）根据丹枫的特征和结构，勾画出主体部分丹枫的线稿。

Step 02　继续添加远处的叶片，丰富画面的线稿。

Step 03　锁定"线稿"图层并新建"叶子"图层，选择 "硬边圆压力不透明度"画笔，选择红色"e56565"（●）给枫叶填上底色。

Step 04　新建"纹理"图层，选择"艺术家的纹理刷"画笔，选择暗红色"b53131"（●）给枫叶添上纹理，使其更逼真、美观。

艺术家的纹理刷

选择"硬边圆压力不透明度"画笔工具，首先用抖线绘制出一小片枫叶的轮廓，接着在上一步的基础上绘制出剩余部分枫叶的轮廓，注意把握好枫叶的外形特征。最后，添加叶脉和叶柄的轮廓，完善画面的细节。

Step 05 新建"树枝"图层，选择"硬边圆压力不透明度"画笔，选择黄褐色"916941"（●）给丹枫的枝干填上底色。

Step 06 新建"阴影"和"添色"图层，选择熟褐色"615026"（●）在"阴影"图层上给丹枫的枝条加添阴影，选择红色"e56565"（●）丰富枝条的层次。

Step 07 新建"枫叶亮面"图层，选择亮红色"e46048"（●）绘制出枫叶的亮面颜色并给枫叶添加光点，增加丹枫叶子的透明感。调整并完善画面，完成绘制。

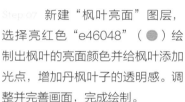

5.12 菊花

菊花是多年生宿根草本植物之一，一般高 60~150 厘米。菊花为头状花序，单生或数个集生于茎枝顶端，花朵直径有 2.5~20 厘米，大小不一，花朵总苞片有多层，外层为绿色，条形。花朵的颜色有红色、黄色、白色、橙色、紫色、粉红色和暗红色等，花朵形状因品种而有单瓣、平瓣和匙瓣等多种类型。菊花的茎一般直立，分枝或不分枝，叶子互生，有短柄，叶片呈卵形至披针形，长 5~15 厘米，菊花的花期一般在 9~11 月。

接下来将对菊花的绘制要点和绘制步骤进行讲解。

▋ 绘制要点

（1）把握好菊花的主要外形特征和色调。

（2）构图要清晰明确，整体画面要美观。

（3）注意菊花色彩层次。

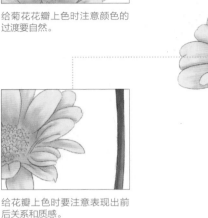

给菊花花瓣上色时注意颜色的过渡要自然。

在给花枝表现阴影时要注意光源的方向和花朵与花枝的遮盖关系。

给花瓣上色时要注意表现出前后关系和质感。

2 绘制步骤

Step 01 打开 Photoshop 软件，新建 A4 纸大小画布。新建"草图"图层，选择"常用水墨"画笔，选择咖啡色"85734c"（●），根据菊花的特征和结构绘制出菊花的大致草图。

Step 02 将草图不透明度调成36%，新建"线稿"图层，选择黑色"000000"（●），根据草图细致刻画出海棠花的线稿并隐藏"草图"图层。

Step 03 锁定"线稿"图层，新建"花朵"和"花枝"图层，选择"硬边圆压力不透明度"画笔，分别选择黄色"ece275"（●）和灰绿色"6a6d25"（●）给画面填充底色。

Step 04 新建"过渡色"图层，选择"晕染水墨"画笔，选择土黄色"ebc273"（●）在花朵的中间和花瓣根部轻轻刷出花瓣的过渡色。

选择"硬边圆压力不透明度"画笔工具，从局部入手，首先用轻松的线条绘制出两片花瓣的轮廓，接着根据生长方向和透视关系继续绘制出菊花剩余部分花瓣的轮廓，然后用小抖线点缀绘制出花蕊部分，完善线稿。

Step 05　新建"深色"图层，选择"晕染水墨"画笔，选择橘黄色"eb975d"（●），根据花朵的线稿在花瓣根部及花瓣的中间轻轻刷出花瓣的深色。

Step 06　新建"阴影"和"亮面"图层，分别选择褐色"b6984e"（●）和亮黄色"eae866"（○）给花朵添上阴影和高光，加强花朵的立体感和层次感。

Step 07　新建"花蕊"图层，选择卡其色"c39054"（●）给花瓣根部以及花蕊周边添上颜色，再选择橘黄色"eb975d"（●）和亮黄色"eae866"（○）给花蕊画出立体感。

Step 08　新建"阴影"和"亮面"图层，分别选择墨绿色"474918"（●）和黄绿灰色"857e35"（●），给花枝添上阴影和高光，加强花枝的立体感，完成绘制。

5.13 梅花

梅花是梅树所开的花，梅树为落叶小乔木，一般高 4~10 米。梅花每枝节开放 1~2 朵，无梗或只有短梗。梅花直径为 2~2.5 厘米，香味浓，于新叶生前开放，花瓣呈倒卵形。梅花原种颜色有淡粉红色和白色，栽培品种颜色则有紫色、红色、彩斑至淡黄等，花萼通常为红褐色，但有些品种的花萼为绿色或绿紫色。梅花叶片呈卵形或椭圆形，花期一般在冬春季。

接下来将对梅花的绘制要点和绘制步骤进行讲解。

1 绘制要点

（1）把握好梅花的主要外形特征和色调。

（2）构图要清晰明确，整体画面要美观。

（3）注意梅花色彩层次。

给花瓣上色时颜色过渡要自然。

注意要体现出花苞的体积感。

勾画花蕊时要注意空间感。

2 绘制步骤

Step 01 打开 Photoshop 软件，新建 A4 纸大小画布。新建"草图"图层，选择"常用水墨"画笔，将画笔大小设置为 15 像素，选择黑色"000000"（●），根据梅花的特征和结构绘制出梅花的草图。

Step 02 将草图不透明度调成 15%，新建一个"线稿"图层，将画笔大小设置为 9 像素，选择黑色"000000"（●），根据草图细致刻画出梅花局部的线稿。

Step 03 继续绘制剩余部分的线稿，并将"草图"图层隐藏。

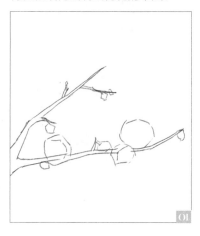

陌上花开 古风CG插画绘制技法精解（花卉篇）

选择"常用水墨"画笔工具，首先画出一片朝向右下方梅花花瓣的轮廓，接着在上一片花瓣的右方绘制出几片不同朝向的花瓣的轮廓，然后继续绘制出左边等剩余部分花瓣的轮廓，注意把握好花瓣的透视关系和层次关系。

 →  →

Step 04 锁定"线稿"图层，新建"花朵"和"树枝"图层，选择"硬边圆压力不透明度"画笔，分别选择枚红色"ec96bd"（●）和熟褐色"7e5b39"（●）绘制出底色。

Step 05 新建"深色"图层，选择"晕染水墨"画笔，选择玫红色"dc3f87"（●），在花朵的中央和花瓣的根部轻轻刷出花瓣的深色。

Step 06 新建"阴影"和"浅色"图层，继续使用"晕染水墨"画笔，分别选择深红色"d64274"（●）和粉红色"f6c1d9"（●）给花朵画出阴影和高光，加强花朵的立体感和层次感。

Step 07 新建"高光"和"花蕊"图层，选择橙红色"f09792"（●）刷在梅花的花瓣尖上，丰富花朵的色彩。选择咖啡色"93543d"（●）刻画出梅花的花蕊，加强花朵的立体感。

Step 08 新建"阴影"和"添色"图层，选择比树枝颜色更深的深褐色"4f3b26"（●），在树枝的下方和与花朵交叠的地方画上阴影。选择绿色"727d36"（●）给树枝嫩芽的地方添上丰富的色彩。

Step 09 新建"点缀"图层，选择"点缀1"画笔，用玫红色"dc3f87"（●）绘制出细碎的飞白效果，使整幅画面更加美观，更有氛围。最后，隐藏"线稿"图层，使整幅画面更加和谐融洽。

5.14 茶花

茶花是茶花树开的花，茶花树为灌木或小乔木植物之一，高可达到 9 米，茶花分为单瓣或重瓣两种，单瓣茶花多为原始花种，重瓣茶花的花瓣可多达 60 片，花瓣呈倒卵形，长 3~4.5 厘米。茶花的颜色有红色、紫色、白色和黄色等，甚至还有彩色斑纹茶花。茶花的叶子为革质，形状呈椭圆形，叶长 5~10 厘米，宽 2.5~5 厘米，先端略尖，基部阔楔形。茶花花期较长，从 10 月到翌年 5 月都有开放，盛花期通常在 1~3 月。

接下来将对完全重瓣型茶花的绘制要点和绘制步骤进行讲解。

1 绘制要点

（1）把握好茶花的主要外形特征和色调。

（2）构图要清晰明确，整体画面要美观。

（3）注意茶花色彩层次。

上色过程中要注意体现花瓣的质感和明暗层次以及花朵的立体感。

给花瓣上色时颜色过渡要自然。　　给叶子上色时也要注意明暗层次和颜色的过渡。

2 绘制步骤

Step 01 打开 Photoshop 软件，新建 A4 纸大小画布。新建"草图"图层，选择"常用水墨"画笔工具，将画笔大小设置为 9 像素，选择深褐色"9f754c"（●），根据茶花的特征和结构绘制出茶花的草图。

Step 02 将草图不透明度调成 36%，新建一个"线稿"图层，将画笔大小设置为 9 像素，选择黑色"000000"（●），根据草图细致地刻画出茶花局部的线稿。

选择"常用水墨"画笔工具，首先画出茶花中间部分花瓣的轮廓，接着在周围继续一层层添加并完善花瓣的绘制，注意把握好茶花整体的造型。

 →  →

Step 03 继续绘制茶花剩余部分的线稿并将"草图"图层隐藏。

Step 04 锁定"线稿"图层，新建"花朵"和"枝叶"图层，选择"硬边圆压力不透明度"画笔，选择枚粉红色"facccc"（●）和浅绿色"aab78d"（●）将花朵和枝叶部分填充完整。

Step 05 新建"过渡色"图层，选择"晕染水墨"画笔，选择红色"e76d6d"（●）在茶花花瓣的尖部轻轻刷出花瓣的过渡色。

Step 06 新建"深色"和"阴影"图层，分别选择深红色"c95858"（●）和暗粉色"df9f9f"（●）给花朵画出深色和阴影，加强花朵的立体感和层次感。

Step 07 在"枝叶"图层上方新建"深色"图层，使用"晕染水墨"画笔，选择绿色"84945e"（●）给茶花的枝叶添上深色。

Step 08 新建"阴影"图层，选择比枝叶深色更深的深绿"5f6935"（●），在枝叶的根部和与花朵、叶子交叠的地方画上阴影，加强茶花枝叶的立体感。

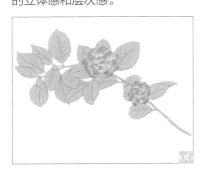

Step 09 新建 "添色" 图层，选择卡其色 "bb9767"（●）给茶花的枝叶添上暖色调，丰富茶花枝叶的色彩。新建 "点缀" 图层，选择 "点缀 1" 画笔，用深绿色 "5f6935"（●）绘制出细碎的飞白效果，使整幅画面更加美观，更有氛围。

09

5.15 君子兰

君子兰是多年生草本植物之一，花葶自叶腋中抽出，花茎宽约 2 厘米，君子兰小花有柄，在花顶端呈伞形排列，花型为漏斗状，直立，花被裂片为 6 片。君子兰的颜色有黄色或橘黄色、橙红色。君子兰的茎呈假鳞茎状，叶片从根部短缩的茎上呈二列叠出，排列整齐，叶子质地硬而厚实，叶形似剑，叶片革质，颜色为深绿色，具有光泽，呈带状，长 30~50 厘米，最长可达 85 厘米，宽 3~5 厘米。君子兰的盛花期自元旦至春节，以春夏季为主，可全年开花。

接下来将对君子兰的绘制要点和绘制步骤进行讲解。

1 绘制要点

（1）把握好君子兰的主要外形特征和色调。

（2）构图要清晰明确，整体画面要美观。

（3）注意君子兰色彩层次。

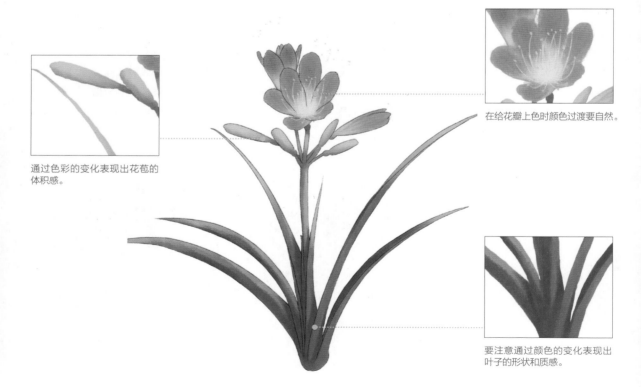

通过色彩的变化表现出花苞的体积感。

在给花瓣上色时颜色过渡要自然。

要注意通过颜色的变化表现出叶子的形状和质感。

2 绘制步骤

Step 01　打开 Photoshop 软件，新建 A4 纸大小画布。新建"草图"图层，选择"常用水墨"画笔，将画笔大小设置为 9 像素，选择深褐色"9f754c"（●），根据君子兰的特征和结构绘制出君子兰的草图。

Step 02　将草图不透明度调成 15%，新建一个"线稿"图层，将画笔大小设置为 9 像素，选择黑色"000000"（●）根据草图细致刻画出君子兰局部的线稿。

Step 03　继续绘制剩余部分的线稿，并将"草图"图层隐藏。

Step 04　锁定"线稿"图层，新建"花朵"和"枝叶"图层，选择"硬边圆压力不透明度"画笔，选择橙色"e18c66"（●）和绿色"6c9a60"（●）将花朵和枝叶部分填充完整。

| 君子兰线稿的绘制技巧 |

选择"硬边圆压力不透明度"画笔工具，首先画出中间两片花瓣的轮廓，接着绘制出君子兰底部花瓣的轮廓，然后在空白处画出远处花瓣的轮廓，调整并完善线稿。

Step 05　新建"亮面"和"深色"图层，选择"晕染水墨"画笔，选择土黄色"e3ba45"（●）和橘红色"de6c33"（●）在君子兰的花瓣上轻轻画上深色和亮色。

Step 06　新建"花瓣纹理"图层，选择暗红色"ba5827"（●）给君子兰的花瓣轻轻刷出花瓣的纹理，使其更加真实且具有立体感。

Step 07 新建"花蕊"图层,选择亮黄色"e3de41"(◐)在君子兰的花朵中间轻轻刷上花蕊的底色,再用"常用水墨"画笔勾画出君子兰的花蕊。

Step 08 新建"阴影1"图层,选择深绿色"416538"(●)给君子兰的枝叶添上阴影。

Step 09 新建"亮面"图层,选择黄绿色"cdc985"(◐)给枝叶和花苞添上亮色。

Step 10 新建"阴影2"图层,选择墨绿色"324d2b"(●)给君子兰叶子的交叠处添上颜色,加强君子兰叶子的阴影和质感。

Step 11 新建"点缀"图层,选择"点缀1"画笔,用暗红色"ba5827"(●)绘制出细碎的飞白效果,使整幅画面更加美观,更有氛围。最后,隐藏"线稿"图层,使整幅画面更加和谐融洽。

5.16 水仙花

　　水仙花是石蒜科多年生草本植物。水仙的叶由鳞茎顶端绿白色筒状鞘中抽出花茎再由叶片中抽出。一般每个鳞茎可抽花茎1~2枝,多者可达8~11枝,伞状花序。花瓣多为6片,花瓣末处呈鹅黄色。花期在春季。水仙性喜温暖、湿润、排水良好。在中国已有一千多年栽培历史,为传统观赏花卉,是中国十大名花之一。

　　接下来将对水仙花的绘制要点和绘制步骤进行讲解。

▌ 绘制要点

　　(1)把握好水仙花的结构。

　　(2)要注意叶子前后的穿插关系。

　　(3)要把握好明暗关系。

注意两个颜色之间的过渡，使画面过渡自然不僵硬。

把握好颜色的搭配和选择，这里花朵选择的颜色跟背景区分开，不易混淆。

2 **绘制步骤**

Step 01 新建一个空白画布并新建"草稿"图层，选择"柔边圆压力不透明度"画笔工具，将画笔大小设置为 8 像素，单击"始终对大小使用压力选项"，用深黑红"7d1b1a"（●）绘制出水仙花的草稿。

Step 02 将"草稿"图层不透明度调成 40%，新建"线稿"图层，选择"常用水墨"画笔并将画笔大小设置为 3 像素，选择黑色"000000"（●）绘制出水仙花的线稿。

Step 03 将"草稿"图层隐藏，在"线稿"图层下方新建"花朵"和"叶子"图层。选择"磁性套索"工具把树枝和花朵分别建立选区，选择色卡为"fff9e8"（ ）和"558d63"（●）的颜色分图层分别填充出花朵和叶子的底色。

Step 04 选择 Photoshop 中自带的"圆水彩"画笔工具，选择色卡为"fbe2b6"（●）和"35732d"（●）的颜色绘制出花朵与叶子的阴影。

Step 05 选择色卡为"eadec1"（ ）的颜色丰富花朵层次。

Step 06 选择"柔边圆压力不透明度"画笔工具，选择色卡"69d784"（●）的颜色绘制出叶片的亮光。

Step 07 选择"线稿"图层，擦除叶片的线稿只留下花的线稿，降低"线稿"图层的不透明度为15%。单击"锁定透明像素"按钮，用叶片的阴影颜色绘制出线稿，让线稿与画面更好地融合在一起，完成绘制。

5.17 白玉兰

　　白玉兰是玉兰花中开白色花的品种。花于新叶生前开放，直立，呈钟状，味芳香，碧白色，有时基部带红晕。大型叶为倒卵形，先端短而突尖，基部呈楔形，表面有光泽。早在春秋战国时代就有培育玉兰花的记载。屈原的《离骚》中"朝饮木兰之坠露兮，夕餐菊之落英"的万古绝唱就是以玉兰（即木兰）来比喻自身的修身洁行。

　　接下来将对白玉兰的绘制要点和绘制步骤进行讲解。

1 绘制要点

　　（1）造型要准确，形态要生动。

　　（2）绘画构图，由简化繁。

花枝的体积感通过颜色的明暗对比来体现。

绘制花瓣时要注意颜色深浅的自然过渡。

2 绘制步骤

Step 01 打开 Photoshop 软件，执行"文件"→"新建"命令，弹出"新建"对话框，将数值设为图中模式，单击"确定"按钮，一张可供使用的画布就创建完成了，即"草稿"图层。

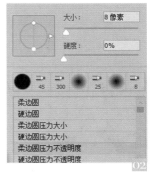

Step 02 选择"柔边圆压力不透明度"画笔工具，将画笔大小设置为 8 像素，开始绘制所构思的画面草稿。

Step 03 选择深黑红"7d1b1a"（●）绘制出白玉兰的草稿，确定画面的构图。

Step 04 将"草稿"图层的不透明度调成 40%，新建"线稿"图层，选择"硬边圆压力不透明度"画笔工具，将画笔大小设置为 8 像素。从局部入手，选择黑色"000000"（●）绘制出左边部分白玉兰的线稿。

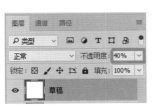
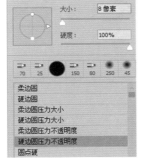

Step 05 继续绘制出剩余部分白玉兰的线稿，然后隐藏"草稿"图层。

Step 06 在"线稿"图层下方新建"花朵"和"叶子"图层，用"磁性套索"工具把树枝和花朵分别建立选区，分图层选择色卡"fef8e0"（ ）、"6d545a"（●）、"50593e"（●）的颜色分别填充出花朵、树枝、树叶子的底色。

Step 07　选择 Photoshop 中自带的 "圆水彩"画笔工具，将画笔直径设置为 56 像素，选择色卡为 "eae6da"（●）的颜色画出花朵阴影。选择色卡为 "3b4424"（●）的颜色画出树枝阴影，并把树枝阴影所在图层的图层模式改成正片叠底。

Step 08　继续使用 "圆水彩"画笔工具，将画笔直径设置为 20 像素。选择色卡为 "5d673a"（●）的颜色表现树枝的环境色，选择 "柔边圆压力不透明度"画笔工具，把不透明度调成 40%，融合画面的颜色。

Step 09　将 "圆水彩"画笔直径设置为 56 像素，选择色卡为 "dbcea1"（●）的颜色加深花朵阴影。选择 "柔边圆压力不透明度"的画笔工具，把不透明度调成 38% 使颜色变淡。

Step 10　选择 Photoshop 中自带的 "咸水彩"画笔工具，选择色卡为 "e37a64"（●）的颜色晕染花朵底部。用 "柔边圆压力不透明度"的橡皮擦工具，把不透明度调成 38% 并表现渐变感。

Step 11　选择 "晕染"画笔工具，选择色卡为 "f8d14f"（●）的颜色在花朵中心画出花蕊的线条，选择色卡为 "d49c27"（●）的颜色加深线条颜色，用灰黄色涂抹于花蕊底部。

Step 12　选择 "线稿"图层，单击 "锁定透明像素"按钮，选择色卡为 "dbcea1"（●）的颜色绘制线稿，使线稿与画面更好地融合在一起，完成绘制。

5.18 牡丹花

牡丹是芍药属植物，为多年生落叶小灌木。它根系肉质肥大，少分枝和须根。株高 0.5~2 米，老茎呈灰褐色，当年生枝呈黄褐色。二回三出羽状复叶，互生。花单生茎顶，花径 10~30 厘米，花色有白色、黄色、粉色、红色、紫色及复色，有单瓣、复瓣、重瓣和台阁型花。花萼有 5 片。唐代刘禹锡有诗曰："庭前芍药妖无格，池上芙蕖净少情。唯有牡丹真国色，花开时节动京城。"在清代末年，牡丹就曾被当作国花。

接下来将对牡丹花的绘制要点和绘制步骤进行讲解。

1 绘制要点

（1）牡丹花花瓣较多，构图时要注意区别内外花瓣的形态。

（2）画面色彩丰富，上色要选取相近的颜色。

在给花朵上色时，注意花瓣之间的层叠关系。

上色时要注意叶子的表面光滑感。

2 绘制步骤

Step 01 新建"草稿"图层，选择"柔边圆压力不透明度"画笔工具，将画笔大小设置为 8 像素。单击"始终对大小使用压力"选项，选择深黑红"7d1b1a"（●）绘制出牡丹花草稿。

Step 02 将"草稿"图层不透明度调成 40%，再新建"线稿"图层。选择"硬边圆压力不透明"画笔工具，单击"始终对大小使用压力"选项，选择黑色"000000"（●）绘制出牡丹花的线稿。

Step 03 将"草稿"图层隐藏，在"线稿"图层下方分别新建"花朵上色"和"树叶上色"图层。选择"磁性套索"工具建立选区，分别选择色卡为"ffe5e6"（ ）和"3f8367"（●）的颜色填充底色。

Step 04 选择"圆水彩"画笔工具，选择色卡为"31664b"（●）的颜色绘制出树叶的阴影。

Step 05 选择色卡为"ec848f"（●）的颜色绘制出花朵的第一层阴影。

Step 06 选择色卡为"eca29e"（●）的颜色绘制出花朵第二层阴影。

Step 07 选择"柔边圆压力不透明"画笔工具，选择色卡为"ffae9c"（●）的颜色绘制花瓣尖，丰富花朵色彩，图层模式设置为线性加深。

Step 08 选择色卡为"59de76"（●）的颜色绘制出树叶亮面颜色，并把不透明度设置为76%。

Step 09 选择"线稿"图层，然后单击"锁定透明像素"按钮。选择色卡为"912531"（●）的颜色绘制线稿，使线稿与画面更好地融合在一起。

Tips

调整不透明度是为了降低颜色的亮度，更加融合于画面。

5.19 桂花

桂花系木犀科常绿灌木或小乔木，质坚皮薄，叶呈椭圆形面端尖，对生，经冬不凋。花生叶腋间，花冠合瓣四裂，形小。叶片革质，呈椭圆形、长椭圆形或椭圆状披针形。聚伞花序簇生于叶腋，或近于帚状，每腋内有花多朵，花为黄色或黄白色，极芳香。苞片宽卵形，质厚，长2~4毫米，具小尖头，无毛。在中国古代的咏花诗词中，咏桂之作的数量也颇为可观。桂花自古就深受中国人的喜爱，被视为传统名花。

接下来将对桂花的绘制要点和绘制步骤进行讲解。

I 绘制要点

（1）把握好色彩的搭配，看整体的效果。

（2）树枝的细节要体现出来。

注意色彩的明暗关系，表现出体积感。

颜色叠加过渡要自然。

2 绘制步骤

Step 01 新建"草稿"图层，选择"柔边圆压力不透明度"画笔工具，将画笔大小设置为 8 像素，单击"始终对大小使用压力"选项，用黑色"000000"（●）绘制出桂花草稿。

Step 02 在"草稿"图层下方分别新建"树枝上色"图层，选择"圆水彩"画笔工具，分别选择色卡为"664235"（●）的颜色绘制出树枝的底色。

Step 03 再新建一个"树叶"图层，选择"硬边圆压力不透明"画笔工具，选择色卡为"2c9336"（●）的颜色绘制出树叶的底色并关闭"草稿"图层的可见性。

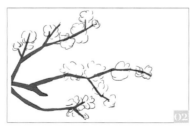

Step 04 选择"圆水彩"画笔工具，选择色卡为"2b4042"（●）的颜色绘制出树枝的阴影。

Step 05 选择色卡为"435658"（●）的颜色绘制树枝。

Step 06 选择"晕染"画笔工具，选择色卡为"6e8a3a"（●）的颜色绘制在叶子上。

Step 07 选择色卡为"3d6557"（●）的颜色绘制树叶，丰富色彩。

Step 08 选择"硬边圆压力不透明"画笔工具，选择色卡为"f6c54a"（●）的颜色绘制出花瓣。

Step 09 选择色卡为"ffef45"（●）的颜色丰富花瓣色彩。

5.20 樱花

樱花是蔷薇科樱属植物的统称。花每支有三五朵，成伞状花，萼片水平开展，花瓣先端有缺刻，颜色有白色、红色和粉红色。花于3月与叶同放或叶后开花。花性喜阳光，喜欢温暖湿润的环境，对土壤的要求不严，以深厚肥沃的砂质土壤生长最好，根系浅。明代于若瀛的诗中提到樱花："三月雨声细，樱花疑杏花。"

接下来将对樱花的绘制要点和绘制步骤进行讲解。

1 绘制要点

（1）仔细观察外形，绘出樱花结构。

（2）把握整体主色调。

花朵颜色过渡要自然。

要注意花朵的明暗关系，色调要有对比。

陌上花开 古风CG插画绘制技法精解（花卉篇）

2 绘制步骤

Step 01　新建"草稿"图层，选择"柔边圆压力不透明度"画笔工具，将画笔大小设置为8像素。单击"始终对大小使用压力"选项，选择深黑红"7d1b1a"（●）绘制出樱花草稿。

Step 02　将"草稿"图层不透明度调成40%，再新建"线稿"图层。选择"硬边圆压力不透明"画笔工具，单击"始终对大小使用压力"选项，选择黑色"000000"（●）绘制出樱花的线稿。

Step 03　将"草稿"图层隐藏，在"线稿"图层下方分别新建"花朵"和"树枝"图层，选择"磁性套索"工具，分别选择色卡为"fee8e9"（　）和"967977"（●）的颜色绘制出花朵和树枝的底色。

Step 04　选择"圆水彩"画笔工具，选择色卡为"4e6a46"（●）的颜色绘制出树枝阴影。

Step 05　选择色卡为"f8b8ba"（●）的颜色绘制出花朵的阴影。

Step 06　选 择 色 卡 为"194a21"（●）的颜色加深树枝阴影。

Step 07　选择色卡为"f09292"（●）的颜色绘制加深花朵阴影。

Step 08　选择色卡为"ffe1c4"（　）的颜色绘制花瓣顶端，把图层模式改为线性加深。

Step 09　选择色卡为"878341"（●）的颜色绘制出树枝亮面。

● 滤色效果图

● 线性加深

绘制过程中可以尝试不同的图层模式的效果，选择最合适的。

Step 10 选择"线稿"图层，然后单击"锁定透明像素"按钮，选择色卡为"164c12"（●）的颜色绘制线稿，使线稿与画面更好地融合在一起。

Step 11 选择"硬边圆压力不透明"画笔，选择色卡为"fcd237"（●）的颜色绘制出花蕊。

5.21 桃花

　　桃花为辐射对称花，萼片 5 个合生，花瓣 5 个离生，雄蕊多而不定数，雌蕊一心皮，一室，子房上位。桃树为落叶乔木，叶椭圆状披针形，叶缘有粗锯齿，无毛，叶柄长 1~15 厘米，高可达 6~10 米。性喜阳光、耐寒、耐旱、不耐水湿。现在在中国各地广为种植。

　　接下来将对桃花的绘制要点和绘制步骤进行讲解。

▌ 绘制要点

　　（1）立体感多通过加强明暗对比来表现。

　　（2）构图时要表现出树枝的细节。

花朵的体积感要通过颜色的深浅明暗来体现。

注意花朵颜色深浅的过渡要自然。

2 绘制步骤

Step 01 新建"草稿"图层,选择"柔边圆压力不透明度"画笔工具,将画笔大小设置为 8 像素,单击"始终对大小使用压力"选项,用深黑红"7d1b1a"(●)绘制出桃花草稿。

Step 02 将"草稿"图层不透明度调成 40%,新建"线稿"图层。选择"硬边圆压力不透明"画笔工具,将画笔大小设置为 5 像素,单击"始终对大小使用压力"选项,选择黑色"000000"(●)绘制出桃花的线稿。

Step 03 将"草稿"图层隐藏,在"线稿"图层下方新建"花朵上色"图层,选择"磁性套索"工具建立选区,选择色卡为"fea598"(●)的颜色填充花朵底色。

Step 04 将"草稿"图层隐藏,在"线稿"图层下方分别新建"叶子上色"和"树枝上色"图层。选择"磁性套索"工具建立选区,分别选择色卡为"37813a"(●)"4e1212"(●)的颜色填充叶子和树枝的底色。

Step 05 选择"柔边圆压力不透明度"画笔工具,选择色卡为"ffdad4"(●)的颜色绘制花朵的中心。

Step 06 选择"圆水彩"画笔工具,选择色卡为"325a25"(●)的颜色绘制出树叶和树枝上的环境色。

Step 07 选择"咸水彩"画笔工具，选择色卡为"ee4d4d"（●）的颜色绘制花瓣尖端，丰富花朵色彩。

Step 08 选择"硬边圆压力不透明度"画笔工具，选择色卡"fdd053"（●）的颜色绘制出花蕊。

Step 09 选择"线稿"图层，然后单击"锁定透明像素"按钮，分别选择色卡为"ee4d4d"（●）和"325a25"（●）的颜色绘制花朵和树叶的线稿，调整并完善整体画面，完成绘制。

5.22 凌霄花

　　凌霄花属藤本植物，是常用园林花卉之一，叶形呈卵形，属于羽状复叶，并且边缘有锯齿。花朵多为大红色或者金黄色，花冠呈漏斗形。凌霄花的生长习性是喜阳、略耐阴，喜温暖、湿润气候，不耐寒。栽培时应用排水性良好、肥沃湿润的土壤。

　　接下来将对凌霄花的绘制要点和绘制步骤进行讲解。

1 绘制要点

　　（1）把握好凌霄花的结构。
　　（2）把握好明暗关系。

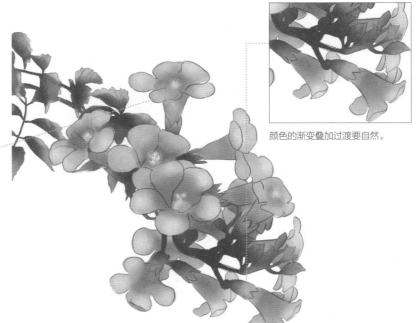

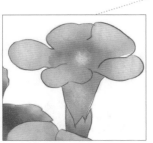

颜色的渐变叠加过渡要自然。

要注意颜色搭配，表现出花朵的通透感。

2 **绘制步骤**

Step 01 新建"草稿"图层，选择"柔边圆压力不透明度"画笔工具，将画笔大小设置为8像素。单击"始终对大小使用压力"选项，选择深黑红"7d1b1a"（●）绘制出凌霄花的草稿。

Step 02 将"草稿"图层不透明度调成40%，再新建"线稿"图层。选择"硬边圆压力不透明"画笔工具，单击"始终对大小使用压力"选项，选择黑色"000000"（●）绘制出凌霄花的线稿。

Step 03 将"草稿"图层隐藏，在"线稿"图层下方分别新建"花朵"和"叶子"图层，选择"磁性套索"工具，分别选择色卡为"f18a77"（●）和"3b9036"（●）的颜色绘制出花朵和叶子的底色。

Step 04 选择"柔边圆压力不透明"画笔工具，选择色卡为"c7343b"（●）的颜色绘制出花朵的阴影。

Step 05 选择"咸水彩"画笔工具，选择色卡为"0d6419"（●）的颜色绘制出树叶的阴影。

Step 06 选择色卡为"125224"（●）的颜色加深树叶阴影。

Step 07 选择"圆水彩"画笔工具，选择色卡为"faa479"（●）的颜色绘制花朵，丰富色彩。

Step 08 选择色卡为"ffdf76"（●）的颜色绘制出花朵亮面和花蕊。

Step 09 选择色卡为"a6d05c"（●）的颜色绘制出树叶亮面。

Step 10 选择"线稿"图层，然后单击"锁定透明像素"按钮，选择色卡为"125224"（●）的颜色绘制线稿，使线稿与画面更好地融合在一起。

5·23 炮仗花

炮仗花是紫葳科炮仗藤属的植物，它的基部近似圆形，长 4~10 厘米，宽 3~5 厘米，上下两面无毛。花序呈圆锥形并且生长在侧枝的顶端，花萼呈钟状，花冠呈筒状，花朵多为橙红色，有 5 个裂片。炮仗花适合栽培在阳光充足、通风凉爽的地方。

接下来将对炮仗花的绘制要点和绘制步骤进行讲解。

1 绘制要点

（1）把握好整体色调。

（2）注意明暗关系的变化。

（3）构图观察花的外形结构。

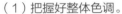

通过颜色的深浅表现出体积感。

注意绘制出花朵所受到的环境色，丰富色彩。

2 绘制步骤

178

Step 01 新建"草稿"图层，选择"柔边圆压力不透明度"画笔工具，将画笔大小设置为 8 像素。单击"始终对大小使用压力"选项，选择深黑红"7d1b1a"（●）绘制出炮仗花的草稿。

Step 02 将"草稿"图层不透明度调成 40%，再新建"线稿"图层。选择"硬边圆压力不透明"画笔工具，单击"始终对大小使用压力"选项，选择黑色"000000"（●）绘制出炮仗花的线稿。

Step 03 将"草稿"图层隐藏，在"线稿"图层下方分别新建"花朵"和"叶子"图层，选择"圆水彩"画笔工具，分别选择色卡为"df6b05"（●）和"91b444"（●）的颜色绘制出花朵和叶子的底色。

Step 04 分别选择色卡为"ae3b0d"（●）和"548b29"（●）的颜色绘制出花朵和树叶的阴影。

Step 05 新建"树叶加深"图层，选择"咸水彩"画笔工具，选择色卡为"1e6017"（●）的颜色加深树叶的阴影。

Step 06 选择"纹理"画笔，选择色卡为"91b444"（●）的颜色绘制出花朵受到的环境色，丰富色彩。

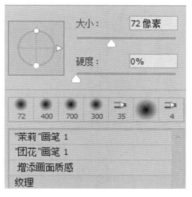

Step 07 复制之前树叶加深的图层，把图层模式改成叠加。

Step 08 选择"纹理"画笔工具，选择色卡为"fbbd88"（●）和"ffee70"（●）的颜色绘制出花朵亮面和花蕊。

Step 09 选择"线稿"图层，然后单击"锁定透明像素"按钮，选择色卡为"084a04"（●）的颜色绘制线稿，使线稿与画面更好地融合在一起。

5.24 紫藤

紫藤是豆科紫藤属，一种落叶攀缘缠绕性大藤本植物，攀缘高度可达 10 米以上。木质茎粗壮，皮灰色，有纵裂沟。奇数羽状复叶，互生，呈椭圆形，卵状略披针形，全缘。侧生总状花序，长达 30 ~ 35 厘米，呈下垂状，蝶形，浅紫色，淡香。花期 4~5 月。一回奇数羽状复叶互生，小叶对生，卵状椭圆形，先端长渐尖或突尖，叶表无毛或稍有毛。

接下来将对紫薇花的绘制要点和绘制步骤进行讲解。

1 绘制要点

（1）把握好明暗关系。

（2）构图注意落实前后关系，协调颜色各要素，做到和谐统一。

在光源下叶片颜色有明暗变化。

颜色深浅过渡自然，高光明显。

2 绘制步骤

Step 01 新建"草稿"图层，选择"柔边圆压力不透明度"画笔工具，将画笔大小设置为 8 像素，单击"始终对大小使用压力"选项，用黑色"000000"（●）绘制出紫藤草稿。

Step 02 在"草稿"图层下方新建一个"树叶"图层，选择"圆水彩"画笔工具，选择色卡为"9b9938"（●）的颜色绘制出树枝的底色。

Step 03 再新建一个"花朵"图层，选择色卡为"ccbfd4"（●）的颜色绘制出花朵的底色。

Step 04 选择色卡为"9a863a"（●）的颜色绘制出树叶的阴影。

Step 05 选择"晕染"画笔工具，选择色卡为"6f5378"（●）的颜色绘制出花朵的阴影。

Step 06 选择色卡为"431858"（●）的颜色加深花朵阴影。

Step 07 选择色卡为"eda9e9"（○）的颜色绘制花朵和树叶，丰富色彩。

Step 08 把"草稿"图层隐藏，选择"晕染"画笔工具，选择色卡为"454932"（●）的颜色加深树叶和树枝阴影。

5·25 紫薇花

　　紫薇花为千屈菜科植物，树冠不整齐，树皮光滑，淡褐色，嫩枝四棱。叶对生，椭圆形至柜圆形，长4~7厘米；圆锥花序顶生，花有红色和紫色，也名紫薇，茎3~5厘米。花期长，从6~9月。蒴果近球型。耐旱、怕涝，喜温暖潮润，喜光，喜肥，对二氧化硫、氟化氢及氮气的抗性强，能吸入有害气体。

　　接下来将对紫薇花的绘制要点和绘制步骤进行讲解。

▉ 绘制要点

　　（1）上色前注意观察，把握好整体主色调。
　　（2）把握好整体构图，画面饱满。

用相对重一些的颜色画出花瓣的脉络。

叶片表面光滑，脉络纹理清晰。

2 绘制步骤

Step 01 新建"草稿"图层，选择"柔边圆压力不透明度"画笔工具，将画笔大小设置为8像素，单击"始终对大小使用压力"选项，用黑色"000000"（●）绘制出紫薇花草稿。

Step 02 在"草稿"图层下方分别新建"花朵上色"和"叶子上色"图层，选择"圆水彩"画笔工具，分别选择色卡为"e0baf1"（●）和"72ad82"（●）的颜色绘制出花朵和叶子的底色，并关闭"草稿"图层的可见性。

Step 03 选择"咸水彩"画笔工具，选择色卡为"54721a"（●）的颜色绘制出树叶和树枝的阴影。

Step 04 选择色卡为"bf85b6"（●）的颜色绘制出花朵的阴影。

Step 05 选择"柔边圆压力不透明"画笔工具，选择色卡为"a165b5"（●）的颜色绘制出花朵的脉络。

Step 06 分别选择色卡为"f0bef5"（●）和"b4c679"（●）的颜色绘制出花朵和树叶亮面。

Step 07 分别选择色卡为"7d794a"（●）和"ffe58e"（●）的颜色绘制出花蕊。

Step 08 选择"硬边圆压力不透明"画笔工具，选择色卡为"215d2d"（●）的颜色绘制出树叶的脉络，并把不透明度调至49%，完成绘制。

5.26 牵牛花

牵牛花为一年生缠绕草本，茎上倒向生长着短小的柔毛或者长的硬毛。叶呈卵状心形，互生，常呈三裂状。茎上被倒向的短柔毛及杂有倒向或开展的长硬毛。叶为宽卵形或近圆形。聚伞花序腋生，花冠呈喇叭状，又称为喇叭花。性喜温暖向阳环境，适生温度 15℃ ~30℃，耐干旱，不择土壤，中性土和微酸性土均能生长。

接下来将对牵牛花的绘制要点和绘制步骤进行讲解。

1 绘制要点

（1）绘制牵牛花时注意牵牛花的外形及构造。

（2）把握好牵牛花的整体色调。

注意颜色的使用，绘制出花瓣的通透感。

藤蔓的渐变叠加要自然。

2 绘制步骤

Step 01 新建"草稿"图层，选择"柔边圆压力不透明度"画笔工具，将画笔大小设置为8像素。单击"始终对大小使用压力"选项，选择深黑红"7d1b1a"（●）绘制出牵牛花的草稿。

Step 02 将"草稿"图层不透明度调成40%，再新建"线稿"图层。选择"硬边圆压力不透明"画笔工具，单击"始终对大小使用压力"选项，选择黑色"000000"（●）绘制出牵牛花的线稿。

Step 03 将"草稿"图层隐藏，在"线稿"图层下方新建"叶子"图层，选择"圆水彩"画笔工具，选择色卡为"59723d"（●）的颜色绘制出叶子的底色。

Step 04 新建"花朵"图层，选择色卡为"c298dd"（●）的颜色绘制出花朵的底色。

Step 05 选择"纹理"画笔工具，分别选择色卡为"8344ac"（●）和"435133"（●）的颜色绘制出花朵和树叶的阴影。

Step 06 选择色卡为"8cace8"（●）的颜色绘制花朵，丰富花朵颜色。

Step 07 选择色卡为"f8c1ba"（●）的颜色绘制出花朵，把图层模式改成强光，使花朵增加通透感。

Step 08 选择色卡为"8344ac"（●）的颜色加深花朵颜色层次。

Step 09 选择"柔边圆压力不透明度"画笔工具，选择色卡为"ffee70"（●）的颜色绘制出花蕊，再把不透明度调成43%，绘制花蕊四周，丰富色彩层次。

Step 10 选择色卡为"93c143"（●）的颜色绘制出树叶亮面。

Step 11 选择色卡为"8135a2"（●）的颜色绘制出树叶受到的环境色，丰富色彩。

Step 12 选择"线稿"图层，然后单击"锁定透明像素"按钮，选择色卡为"435133"（●）的颜色绘制线稿，使线稿与画面更好地融合在一起。

Step 13 选择所有的花朵图层合并，按快捷键"Ctrl+B"调节"色彩平衡"。色阶数值分别为"37""-2"和"66"。

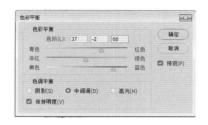

● 调整前

● 调整后

5·27 紫罗兰

　　紫罗兰为多年生草本植物,叶子呈圆形或倒披针形,花开紫红色,也有淡红、淡黄或白色的,有香气。茎直立,多分枝,基部稍木质化。叶面宽大,叶片呈椭圆形或倒披针形,先端圆钝。总状花序顶生和腋生,花梗粗壮。花有紫红、淡红、淡黄和白色等颜色,单瓣花能结籽,重瓣花不结籽,果实为长角果圆柱形。中国大城市中常有物种,可以栽于庭园或温室中以供观赏。此花与三色堇相似,易混淆。

　　接下来将对紫罗兰的绘制要点和绘制步骤进行讲解。

绘制要点

　　(1)把握好整体主色调。

　　(2)绘制线稿时注意花朵前后关系。

叶子表面光滑,脉络清晰。

绘画过程中,要考虑环境色对花朵的影响。

2 绘制步骤

Step 01 新建一个空白画布并新建"草稿"图层,选择"柔边圆压力不透明度"画笔工具,将画笔大小设置为 8 像素。单击"始终对大小使用压力"选项,选择深黑红"7d1b1a"(●)绘制出紫罗兰的草稿。

Step 02 将"草稿"图层不透明度调成 40%,再新建"线稿"图层。选择"硬边圆压力不透明度"画笔工具,将画笔大小设置为 5 像素,单击"始终对大小使用压力"选项,选择黑色"000000"(●)绘制出紫罗兰的线稿。

Step 03 将"草稿"图层隐藏,在"线稿"图层下方分别新建"花朵上色"和"树叶上色"图层。选择"圆水彩"画笔工具,分别选择色卡为"daa1f8"(●)和"3e8366"(●)的颜色绘制出花朵和树枝底色。

Step 04 选择色卡为"1c582b"(●)的颜色绘制出树叶的阴影。

Step 05 选择色卡为"b25fe1"(●)的颜色绘制出花朵的阴影。

Step 06 选择色卡为"601aa4"(●)的颜色进一步加深花朵阴影。

Step 07 选择色卡为"c7da7c"（●）的颜色丰富树枝颜色。

Step 08 选择色卡为"dfaaf8"（●）的颜色绘制出花朵亮面。

Step 09 选择色卡为"c7da7c"（●）的颜色丰富花朵颜色。选择"线稿"图层，并单击"锁定透明像素"按钮。选择色卡为"1c582b"（●）的颜色绘制线稿，使线稿与画面更好地融合在一起。

5.28 蓝花楹

蓝花楹为紫葳科落叶乔木，高 12 ~ 15 米，最高可达 20 米，树形酷似凤凰木。二回羽状复叶对生，叶大，羽片通常在 15 对以上，每一羽片有小叶 10 ~ 24 对，羽状，着生紧密。小叶呈椭圆形，顶生或腋生的圆锥花序，花呈钟形，极繁多，长 25 ~ 35 厘米，颜色深蓝色或浅紫色，布满枝头，极为壮观。花期春末夏初。果为蒴果，圆形稍扁，浅褐色，直径约 5 厘米。

接下来将对蓝花楹的绘制要点和绘制步骤进行讲解。

1 绘制要点

（1）把握好整体主色调。

（2）把握好明暗关系的变化。

明暗关系过渡要自然。

要表现出花瓣的体积感。

Step 01 新建"草稿"图层，选择"柔边圆压力不透明度"画笔工具，将画笔大小设置为 8 像素，单击"始终对大小使用压力"选项，用黑色"000000"（●）绘制出蓝花楹的草稿。

Step 02 在"草稿"图层下方，再新建一个"树枝"图层，选择"硬边圆压力不透明"画笔工具，选择色卡为"82885a"（●）的颜色绘制出树枝的底色。

Step 03 再新建一个"花朵"图层，选择"圆水彩"画笔工具，选择色卡为"7e74c5"（●）的颜色绘制出花朵的底色。

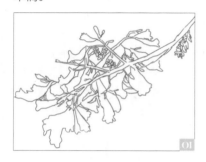

陌上花开 古风CG插画绘制技法精解（花卉篇）

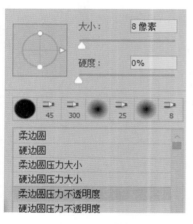

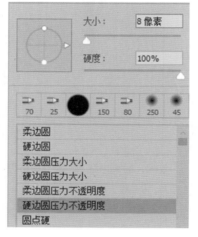

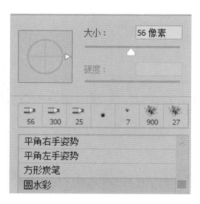

Step 04 选择"硬边圆压力不透明度"画笔工具，选择色卡为"394d0d"（●）的颜色绘制出树枝的阴影。

Step 05 选择"圆水彩"画笔工具，选择色卡为"2858b8"（●）的颜色绘制出花朵的阴影。

Step 06 选择"咸水彩"画笔工具，选择色卡为"a09ee8"（●）的颜色绘制出花朵亮面。

Step 07 选择色卡为"55259d"（●）的颜色绘制花朵，丰富色彩。

Step 08 把"草稿"图层隐藏，合并所有图层，按快捷键"Ctrl+B"调整"色彩平衡"，色阶值分别为"-39""0""0"。关闭"草稿"图层的可见性。

● 效果 1　　● 效果 2

Tips

通过调节色彩平衡来矫正图像的饱和度，具体可以根据需要调节。

5.29 木棉花

木棉花，早春先叶开花，花簇生于枝端，花冠红色或橙红色，直径约 12 厘米，花朵有 5 片花瓣，肉质，呈椭圆状倒卵形，长约 9 厘米，外弯，边缘内卷，内表面有棕黄色的短绒毛。雄蕊多数，合生成管，排成 3 轮，最外轮集生为 5 束；蒴果甚大，木质，呈长圆形，可达 15 厘米，成熟后会自动裂开。种子多数，呈倒卵形，黑色，光滑，藏于白色毛内。木棉外观多变化。花为橘红色，每年 2 ～ 3 月树叶落光后进入花期，然后长叶，树形具阳刚之美。

接下来将对木棉花的绘制要点和绘制步骤进行讲解。

▌ 绘制要点

（1）绘画构图时要考虑整体。

（2）上色颜色要丰富，要注意明暗关系。

要注意体积感的表现。

要注意叶片之间颜色过渡自然。

Step 01 新建一个空白画布并新建"草稿"图层，选择"柔边圆压力不透明度"画笔，将画笔大小设置为 8 像素。单击"始终对大小使用压力"选项，选择深黑红"7d1b1a"（●）绘制出木棉花的草稿。

Step 02 将"草稿"图层不透明度调成 40%，新建"线稿"图层。选择"硬边圆压力不透明度"画笔工具，将画笔大小设置为 5 像素，单击"始终对大小使用压力"选项，选择黑色"000000"（●）绘制出木棉花的线稿。

Step 03 将"草稿"图层隐藏，在"线稿"图层下方新建"树枝上色"图层。选择"磁性套索"工具建立选区，选择色卡为"755c5a"（●）的颜色并按快捷键"Alt+Backspace"填充树枝的底色。

Tips

快捷键能够节省时间，更方便使用。下面对本图所使用的快捷键进行介绍。画笔：B ；套索工具：W；填充前景色：Alt+Backspace ； 填充背景色：Ctrl+Backspace。

Step 04 新建"花朵上色"图层，选择"磁性套索"工具建立选区，选择色卡为"f06659"（●）的颜色填充花朵的底色。

Step 05 新建"叶子上色"图层，继续建立选区，选择色卡为"609346"（●）的颜色填充叶子底色。

Step 06 选择"咸水彩"画笔工具，选择色卡为"bd4834"（●）"542d30"（●）和"458e6e"（●）的颜色绘制出花朵、树枝和叶子的阴影。

Step 07　分别选择色卡为"ff5e59"（●）"5a5358"（●）和"95d776"（●）的颜色绘制出花朵、树枝和叶片的亮面。

Step 08　选择"硬边圆压力不透明度"画笔工具，选择色卡为"ffbc6d"（●）的颜色，在花朵中心的位置绘制出花蕊。

Step 09　选择"线稿"图层，然后单击"锁定透明像素"按钮。用树枝的阴影颜色绘制线稿，使线稿与画面更好地融合在一起，完成绘制。

5.30 红千层

红千层是常绿灌木或者小乔木的一种，属于热带阳性树种，原产于澳大利亚，喜温暖、湿润气候。它的叶形是披针形和线形，一般长 50~90 厘米，宽 3~6 厘米。花卉都聚集生长在顶端，比较稠密，并且花卉的形状很奇特，呈穗状花序。

接下来将对红千层的绘制要点和绘制步骤进行讲解。

绘制要点

（1）注意把握好红千层花卉的主色调和外形特征。

（2）给叶片上色时要区分明暗关系和色彩变化。

（3）画面的构图要饱满，主体部分的形态要漂亮。

飘落的飞絮和树叶要适当虚化，与主体花卉形成虚实对比关系，体现画面的空间感。

黄色花蕊的绘制要适当调低不透明度，让它与花卉自然融合，看起来更加和谐、统一。

枝干上色时要注意体积感的把握。

Step 01 打开 Photoshop 软件，执行"文件"→"新建"命令，弹出"新建"对话框，新建"草稿1"图层。选择"硬边圆压力不透明度"画笔工具,选择黑色"000000"（●）在画布左上角绘制出枝叶的线条。

Step 02 新建"草稿2"图层，绘制出枝头花苞的轮廓，注意花苞之间的遮挡关系要准确。

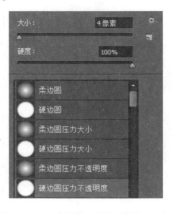

Tips

"草稿"图层主要起到辅助作用，可以让我们更好地把握物体的外形特征及生长方向，能够提高整体画面的准确性。

| 花苞遮挡关系的绘制技巧 |

选择"硬边圆压力不透明度"画笔工具，首先用圆形概括画出一个花苞的轮廓，并以此作为参照。接着在第一个花苞的后方绘制出两个较大花苞的轮廓，然后继续在周围多添加几个花苞，并完善花苞的结构，注意把握好前后遮挡关系。

 → → →

Step 03 新建"草稿3"图层，绘制出红千层花卉部分大致的外形，在画布右上角绘制出另一枝含苞待放的花枝。合并3个草稿图层并调整局部细节，完善画面的构图。

Step 04 新建"枝叶上色"图层，把图层模式设置为"正片叠底"。根据草稿线条的轮廓，选择"圆水彩"画笔工具，选择黄绿色"b3c245"（●）绘制出枝叶的底色。

• "圆水彩"画笔工具效果

Step 05 新建"枝叶细节上色"图层，把图层模式设置为正片叠底。选择"咸水彩"画笔工具，选择橄榄绿"66671b"（●）绘制出叶片的暗部，选择黄色"c2a24b"（●）绘制出亮面。

Step 06 新建"花卉上色"图层，选择"圆水彩"画笔工具，选择西瓜红"f33b53"（●）绘制出红千层花卉的底色，选择浅粉色"fba4ad"（●）绘制出花卉的亮部，这一步要把花卉部分的草稿线条完整遮盖住。

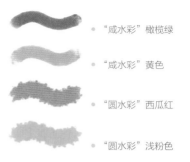

- "咸水彩"橄榄绿
- "咸水彩"黄色
- "圆水彩"西瓜红
- "圆水彩"浅粉色

Step 07 选择"咸水彩"画笔工具，选择白色并把不透明度调低，进一步细化花卉部分。

Step 08 新建"花苞上色"图层，把图层模式设置为正片叠底。选择黄色"f5e9a1"（●）绘制出底色，选择嫩绿色"d5ec82"（●）加深暗部。

Step 09 选择深黄色"ecbe8c"（●）调整花苞部分的暗面，丰富色彩的层次。

Step 10 新建"花蕊上色"图层，选择"水彩大溅滴"画笔工具，选择浅黄色"f9f4ce"（●）绘制出花蕊部分，降低图层的不透明度至 75 %，让颜色与花卉部分的颜色更好地融合在一起。

● 花蕊 100% 透明度效果　　　　● 花蕊 70% 透明度效果

Step 11　关闭"草稿"图层的可见性。

Step 12　新建"飞絮"图层，选择"咸水彩"画笔工具，在画布空白区域绘制出漂亮的花卉飞絮和落叶。选择"滤镜"里的"高斯模糊"工具，把半径设置为 2.0 像素。调整并完善整体画面，完成绘制。

06 常见点缀物的绘制

◎ 本章要点

前面讲解了古风花卉不同结构表现和常见古风花卉的表现，接下来对常见点缀物的表现进行讲解。本章主要介绍山石、竹子、柳条、树丛、远山、亭子、桥、禽鸟、蝴蝶、蜜蜂、蜻蜓、马、兔子、流水、麋鹿及灯笼的绘制方法。

6.1 山石

　　山石是古风插画中重要的组成部分，主要起到点缀装饰画面的作用，常与植物和流水等搭配运用，它是经过风雨云雾变化流露出来的自然美。

　　接下来将对山石点缀物的绘制要点和绘制步骤进行讲解。

1 绘制要点

　　（1）画石需表现出凹凸立体感。

　　（2）运用线条表现山石的整体轮廓。

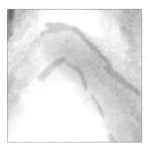

用临近色丰富色调，让画面不单一。

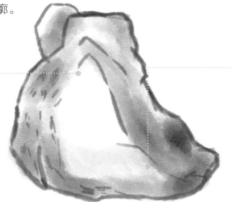

运用晕染画笔，使用接近于白色的颜色表现出凹凸感和质感。

2 绘制步骤

Step 01　打开 Photoshop 软件，执行"文件"→"新建"命令，弹出"新建"对话框，将数值设为图中模式，单击"确定"按钮，一张可供使用的画布就创建完成了，即"草稿"图层。

Step 02　选择"硬边圆压力不透明度"画笔工具，将画笔大小设置为8 像素，单击"始终对大小使用压力"选项，选择深黑红"6f1515"（●）绘制出山石的草稿。

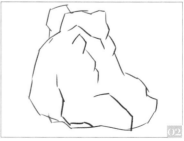

Step 03 选择"常用水墨"画笔工具，用黑色"000000"（●）绘制出山石的线稿。勾出山石的轮廓。

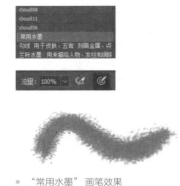

- "常用水墨"画笔效果

| 山石的起伏转折的绘制技巧 |

　　选择"常用水墨"画笔工具，首先用短直线画出石头局部转折的轮廓，接着一步步完善山石的大体造型，然后细化并完善内部结构，注意把握好线条的节奏感和转折关系。

Step 04 选择"晕染水墨"画笔工具，选择色卡为"20292f"（●）的颜色绘制出山石的阴影。

Step 05 选择色卡为"b3c9d4"（●）的颜色丰富山石颜色。

Step 06 选择色卡为"f3ebda"（●）的颜色绘制出山石的亮面。

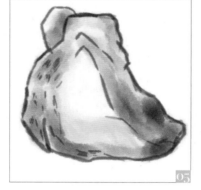

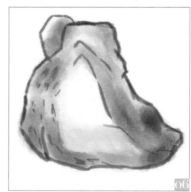

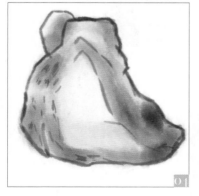

- "晕染水墨"画笔效果

6.2 竹子

　　竹子属于多年生禾本科竹亚科植物，它的茎在地下是横着生长的，并且中间稍空，有许多竹节，而在节上生长着许多须根和芽。竹子作为中国风元素的代表之一，被广泛运用到古风插画中。

　　接下来将对竹子点缀物的绘制要点和绘制步骤进行讲解。

▌ 绘制要点

　　（1）构图要清晰明确，整体画面要美观。

　　（2）把握好竹子的主要外形特征和色调。

　　（3）注意虚实结合。

注意竹子节点处的结构要用颜色层次表现出来，过渡自然。

确认竹子的光源，明暗过渡自然。高光明显。

▌ 绘制步骤

Step 01　打 开 Photoshop 软件，执行"文件"→"新建"命令，弹出"新建"对话框，将数值设为图中模式，单击"确定"按钮，一张可供使用的画布就创建完成了，即"草稿"图层。

Step 02　选择"硬边圆压力不透明度"画笔工具，将画笔大小设置为 8 像素，选 择 黑 色"000000"（●）绘制出竹子的草稿。

Step 03　在"草稿"图层下方新建"竹子"图层，选择"晕染"画笔工具，分别选择色卡为"b5dea8"（●）的颜色绘制出竹子的底色，并关闭"草稿"图层的可见性。

Step 04　选择"硬边圆压力不透明度"画笔工具，将画笔大小设置为 8 像素，单击"始终对大小使用压力"选项，选择色卡为"709165"（●）的颜色绘制出竹子的枝节和边缘。

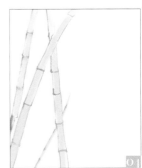

竹子的整体色调偏绿，绿色的竹子能让人感觉竹子活力坚韧。

Step 05　选择"晕染水墨"画笔，选择色卡为"6a8d61"（●）的颜色绘制出竹子的阴影。

Step 06　选择色卡为"729368"（●）的颜色加深竹子阴影的颜色。

Step 07　选择"硬边圆压力不透明度"画笔工具，选择色卡为"f5fff2"（●）的颜色绘制出竹子枝节处的高光。

Step 08　选择"晕染水墨"画笔，选择色卡为"9fd386"（●）的颜色绘制出第一层浅色叶子。

| 竹叶的绘制技巧 |

　　首先，选择"圆水彩"画笔工具，根据竹叶的外形特征绘制出两片不同方向的竹叶。接着，在前排绘制出近景竹叶的轮廓，注意要有大小变化。然后，轻轻绘制出远处小片竹叶的轮廓，注意把握好虚实对比，穿插关系和透视要准确。

Step 09　选择色卡为"68946d"（●）的颜色绘制出叶子第二层。

Step 10　选择"晕染水墨"画笔工具，选择色卡为"83a679"（●）的颜色绘制出远景竹子和叶子，并调节不透明度到54%。

6.3 柳条

柳条属于落叶乔木，它一般细长并且柔软下垂。柳叶的叶形是线状披针形或狭披针形，有锯齿或全缘，颜色呈淡紫绿色或褐绿色。

接下来将对柳条的绘制要点和绘制步骤进行讲解。

1 绘制要点

（1）注意走向，柳条方向下垂。

（2）从整体入手去构图，使画面美观。

区分亮面与暗面之间的层次关系。

刻画叶子注意虚实结合。

2 绘制步骤

Step 01 新建一个空白画布并新建"草稿"图层，选择"硬边圆压力不透明度"画笔工具，将画笔大小设置为8像素，单击"始终对大小使用压力"选项，用深黑红"6f1515"（●）绘制出柳条的草稿。

Step 02 在"草稿"图层上方新建"柳条"图层。选择"晕染水墨"画笔，选择色卡为"73c778"（●）的颜色绘制出柳条的底色。关闭图层可见性。

Step 03 选择"兰叶水墨"画笔工具，选择色卡为"7ad086"（●）的颜色绘制柳条，丰富柳条层次。

Step 04 选择"晕染水墨"画笔工具，选择色卡为"305c32"（●）的颜色绘制出阴影。

Step 05 选 择 色 卡 为 "54773d"（●）的颜色丰富柳条阴影。

Step 06 选 择 色 卡 为 "ddfa6d"（●）的颜色绘制出柳条的亮面，调整并完善画面，完成绘制。

6.4 树丛

树丛是由密集的树木所组成的群落景象，一般是指小范围内的树木。接下来将对树丛的绘制要点和绘制步骤进行讲解。

绘制要点

（1）把握好整体构图，画面美观

（2）塑造出树干树枝，树叶用色块叠加。

颜色渐变过渡自然。

明暗层次明显，画出雪的堆积感。

2 绘制步骤

Step 01 新建一个空白画布并新建"草稿"图层，选择"常用水墨"画笔工具，将画笔大小设置为 8 像素，用黑色"000000"（●）绘制出树的草稿。

Step 02 在"草稿"图层上方新建"树"图层。选择"晕染水墨"画笔，选择色卡为"583827"（●）的颜色绘制出树的底色。

Step 03 选择色卡为"ecc8a6"（●）的颜色绘制出大片树叶底色。

Step 04 选择色卡为"c2774a"（●）的颜色绘制树叶，叠加颜色。

Step 05 选择色卡为"a46733"（●）的颜色绘制树叶，丰富颜色。

Step 06 选择色卡为"3969bb"（●）的颜色绘制地面。

Step 07 选择白色"ffffff"（○）绘制出雪的效果渲染画面的氛围，调整并完善画面，完成绘制。

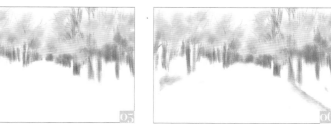

6.5 远山

　　远山即远处的山，是地面上高耸的部分，山是地壳上升地区经受河流侵蚀而成的。在古风插画中常出现在远景部分。

　　接下来将对远山点缀物的绘制要点和绘制步骤进行讲解。

1 绘制要点

　　（1）构图要清晰明确，整体画面要美观。

　　（2）注意远近山的虚实结合。

云雾绘制在山腰，露出山顶
表现出被云雾环绕的感觉。

近山和远山的外貌是相近的，
近实远虚表现出空间感。

2 绘制步骤

Step 01 打开 Photoshop 软件，执行"文件"→"新建"命令，弹出"新建"对话框，将数值设为图中模式，单击"确定"按钮，一张可供使用的画布就创建完成了，即"草稿"图层。

Step 02 选择"硬边圆压力不透明度"画笔工具，将画笔大小设置为 8 像素，单击"始终对大小使用压力"选项，用深黑红"6f1515"（●）绘制出远山的草稿。

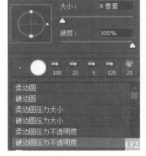

Step 03 选择"晕染水墨"画笔工具，选择色卡为"33434f"（●）的颜色绘制出远山。

Step 04 选择色卡为"2e4a5b"（●）的颜色加深远山的颜色。

Step 05 选择色卡为"d1e0e9"（○）的颜色绘制远处的山。

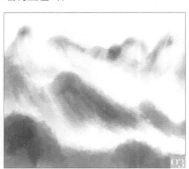

Step 06 选择色卡为"b7d9ee"（●）的颜色绘制较远处的山，营造一种云雾缭绕的感觉。

Step 07 选择色卡为"a4afd8"（●）的颜色绘制出天空部分，调整并完善画面，完成绘制。

6.6 亭子

亭子是一种汉族传统建筑，按照材质的不同可以分为木亭、石亭和竹亭等。它是供人们休憩乘凉用的建筑物，一般面积较小，只有顶没有墙。

接下来将对亭子点缀物的绘制要点和绘制步骤进行讲解。

绘制要点

（1）构图要清晰明确，整体画面要美观。

（2）把握好亭子的主要外形特征和色调。

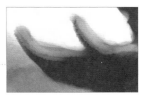

把亭子的明暗层次颜色拉大，增加对比效果。

亭子的主色调偏向红色。红色会显得更古香古色。

Step 01 新建一个空白画布并新建"草稿"图层，选择"硬边圆压力不透明度"画笔工具，将画笔大小设置为8像素，单击"始终对大小使用压力"选项，用黑色"000000"（●）绘制出亭子的草稿。

Step 02 将"草稿"图层隐藏，新建"亭子"图层。选择"晕染水墨"画笔，选择色卡"342626"（●）和"402a28"（●）的颜色绘制出亭子和地面的底色。关闭草稿的可见性。

Step 03 选择色卡为"4d4040"（●）的颜色绘制出远山。

Step 04 选择"硬边圆压力不透明度"画笔工具，选择色卡为"dff5fb"（ ）的颜色绘制出湖面。

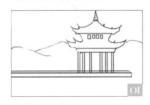

Step 05 选择色卡分别为"859aa0"（●）和"9ebac4"（●）的颜色丰富湖面。

Step 06 选择色卡为"7b6e6e"（●）的颜色绘制出地板的亮面。

Step 07 选择"晕染水墨"画笔工具，选择色卡为"251e1d"（●）的颜色绘制出亭子的阴影。

Step 08 选择色卡为"b8a4a4"（●）的颜色绘制出亭子的亮面。

Step 09 选择色卡为"eee3c8"（ ）的颜色绘制出天空。

Step 10 选择复制亭子的图层，重命名为"倒影"，选择垂直翻转图层放置在湖面下方，调整不透明度至17%。

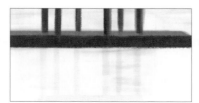

● 调节不透明度

● 不透明度 17% 效果

● 不透明度 100% 效果

6.7 桥

　　桥是为了解决跨水或者越谷问题的交通性能建筑，给人们提供便利。在古风插画中主要用来划分画面的空间层次，辅助构图。

　　接下来将对桥点缀物的绘制要点和绘制步骤进行讲解。

１ 绘制要点

　　（1）构图要清晰明确，整体画面要美观。

　　（2）把握好桥的主要外形特征和色调 。

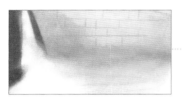

桥与水面连接处过渡要自然。

绘制桥砖的时候注意其构造是规则的长方体。

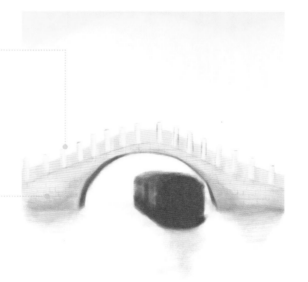

２ 绘制步骤

Step 01 　新建一个空白画布并新建"草稿"图层，选择"硬边圆压力不透明度"画笔工具，将画笔大小设置为 8 像素，单击"始终对大小使用压力"选项，用深黑红"6f1515"（●）绘制出桥的草稿。

Step 02 　将"草稿"图层隐藏，新建"桥"图层。选择"常用水墨"画笔工具，选择黑色"000000"（●）绘制出桥的线稿。关闭草稿的可见性。

Step 03 　选择"晕染水墨"画笔工具，选择色卡分别为"f1decc"（　）和"f9e9cb"（　）颜色绘制出桥和柱子的底色。

Step 04 　选 择 色 卡 为"583120"（●）的颜色绘制出桥下的阴影。

Step 05 分别选择色卡为 "674a22"（●）和 "c5ad84"（●）的颜色绘制出桥和柱子的阴影。

Step 06 选择色卡为 "78691d"（●）的颜色丰富桥的层次。

Step 07 选择色卡为 "e0ceaf"（●）的颜色绘制出桥的亮面。

Step 08 选择色卡为 "64482f"（●）的颜色绘制出桥边缘的线条。关闭线稿的可见性。

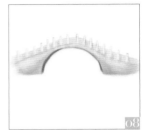

Tips

桥的材质主要采用偏土黄色的色调来表现，注意把握好画面的整体色调，要和谐统一。

Step 09 选择色卡为 "4f4238"（●）的颜色绘制出船，丰富画面。

Step 10 选择色卡为 "b2e1ed"（●）的颜色绘制出天空和湖面。

Step 11 选择色卡为 "abd8f0"（●）的颜色绘制出湖面的阴影。

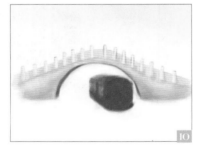

Step 12 选择色卡为 "3d4163"（●）的颜色加深湖面的阴影。

Step 13 选择 "硬边圆压力不透明度" 画笔工具，选择色卡为 "988359"（●）的颜色绘制出桥砖，并调整不透明度至 43%。

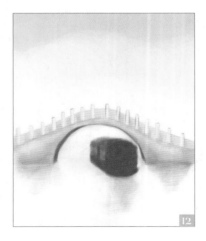

• 不透明度 43% 效果

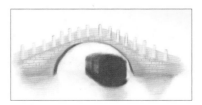

• 不透明度 100% 效果

6.8 禽鸟

　　禽鸟是鸟兽的通称，有时也单指鸟类。在这里所画的是丹顶鹤，它是生活在沼泽或浅水地带的大型涉禽。一般通体呈白色，头顶为鲜红色，而站立时它的颈、尾部飞羽以及脚呈黑色。

　　接下来将对禽鸟点缀物的绘制要点和绘制步骤进行讲解。

1　绘制要点

　　（1）把握好禽鸟的主要外形特征和色调。

　　（2）注意羽毛的质感要轻而蓬松。

注意羽毛的疏密和线条的轻重。

鸟类的翅膀呈流线型，注意线条的使用。

2　绘制步骤

Step 01　新建一个空白画布并新建"草稿"图层。选择"硬边圆压力不透明度"画笔工具，将画笔大小设置为 8 像素，单击"始终对大小使用压力"选项，用深黑红"6f1515"（●）绘制出丹顶鹤的草稿。

Step 02　选择"常用水墨"画笔工具，用黑色"000000"（●）绘制出丹顶鹤的线稿。关闭草稿的可见性。

Step 03　选择色卡为"110a1c"（●）的颜色绘制出丹顶鹤的羽毛。

Step 04 选择色卡为"151d30"(●) 的颜色加深丹顶鹤的羽毛。

Step 05 选择色卡为"961313"(●) 的颜色绘制出丹顶鹤头顶的红色。

Step 06 选择"晕染水墨"画笔工具，选择色卡为"c2e2f7"(○)的颜色绘制出湖面。

Step 07 复制禽鸟图层，选择垂直翻转并放在湖面图层下方。调整不透明度到10%。

Step 08 选择"椭圆工具"绘制太阳，选择色卡为"d4957c"(●)的颜色填充底色。点选"栅格化图层"按钮，选择"晕染水墨"橡皮擦，擦除被云遮住的地方。

Step 09 选择色卡为"df9376"(●)的颜色绘制出天空。

Tips

用右键单击椭圆工具，出现栅格化列表，将其取消选中状态。必须取消栅格化图层选中状态，否则不能对其进行修改。

6.9 蝴蝶

蝴蝶的腹部瘦长，长有扁平的鳞状毛。翅膀和身体有各种色彩丰富的花斑，蝴蝶的头部有一对棒状或锤状的触角。在古风插画中，蝴蝶主要起到点缀装饰以及活跃画面的作用。

接下来将对蝴蝶点缀物的绘制要点和绘制步骤进行讲解。

▮ 绘制要点

（1）蝴蝶的脉络清晰，观察蝴蝶脉络走向。

（2）蝴蝶色彩丰富，把握好主色调。

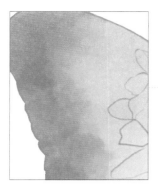

使用画笔笔触画出蝴蝶的质感。

区分明暗变化，颜色过渡自然。

绘制步骤

新建一个空白画布并新建"草稿"图层。选择"硬边圆压力不透明度"画笔工具，将画笔大小设置为 8 像素，单击"始终对大小使用压力"选项，用深黑红"6f1515"（●）绘制出蝴蝶的草稿。

新建一个空白画布并新建"草稿"图层。选择"硬边圆压力不透明度"画笔工具，将画笔大小设置为 8 像素，单击"始终对大小使用压力"选项，选择黑色"000000"（●）绘制出蝴蝶的线稿。

选择色卡分别为"4fdcf9"（●）和"163136"（●）的颜色绘制出蝴蝶的底色。

选择"晕染水墨"画笔工具，选择色卡为"0e1f37"（●）的颜色绘制出下蝶的阴影。

选择色卡为"185a86"（●）的颜色绘制出上蝶的阴影。

选择色卡为"96e3f8"（●）的颜色绘制出下蝶的斑点和眼睛的高光。

Step 07　选择色卡为"5fdbe2"（●）的颜色绘制出上蝶的亮面。

Step 08　选择"线稿"图层，单击"锁定透明像素"按钮，选择色卡为"135d71"（●）绘制线稿，让线稿与画面更好地融合在一起。

"线稿"图层修改前

"线稿"图层修改后

Tips

在修改"线稿"图层的线条颜色之前，需要先复制一个"线稿"图层，避免发生错误后无法找到原稿，影响效率。

6.10 蜜蜂

蜜蜂属膜翅目、蜜蜂科，一般呈黄褐色或黑褐色。它主要分为头、胸和腹3部分，胸部有3对足，并且头和胸几乎同样宽，腹部近椭圆形。

接下来将对蜜蜂点缀物的绘制要点和绘制步骤进行讲解。

绘制要点

（1）了解蜜蜂的结构进行构图。

（2）注意明暗变化，突出立体感。

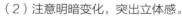

记住画出蜜蜂的复眼。

身体为椭圆形，把握好明暗关系，体现立体感。

2 绘制步骤

Step 01 新建一个空白画布并新建"草稿"图层，选择"硬边圆压力不透明度"画笔工具，将画笔大小设置为 8 像素，单击"始终对大小使用压力"选项，选择黑色"000000"（●）绘制出蜜蜂的草稿。

Step 02 将"草稿"图层隐藏，新建"蜜蜂"图层。选择"晕染水墨"画笔工具，选择色卡分别为"4f403c"（●）、"daa565"（◐）和"5b5550"（●）的颜色绘制出头、身体和翅膀的底色。

Step 03 选择色卡为"8f562d"（●）的颜色绘制出身体的阴影。

Step 04 选择色卡为"23140f"（●）的颜色绘制出头部的阴影。

Step 05 选择色卡为"32211c"（●）的颜色绘制出身体和翅膀的阴影。

Step 06 选择色卡分别为"d3cfce"（◐）和"f7cb8a"（◐）的颜色绘制出身体的阴影。

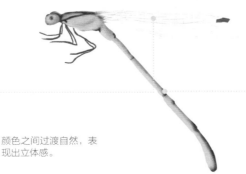

6.11 蜻蜓

蜻蜓是一种无脊椎动物，一般体型较大，翅膀长而窄。网状形翅脉极为清晰，并且翅前缘近翅顶处常有翅痣。接下来将对蜻蜓点缀物的绘制要点和绘制步骤进行讲解。

1 绘制要点

（1）把握好蜻蜓的外形结构。

（2）把握明暗关系，体现立体感。

颜色之间过渡自然，表现出立体感。

注意绘制出蜻蜓的翅脉，翅脉清晰。

Step 01 打开 Photoshop 软件，执行"文件"→"新建"命令，弹出"新建"对话框，将数值设为图中模式，单定"确定"按钮，一张可供使用的画布就创建完成了，即"草稿"图层。

Step 02 选择"硬边圆压力不透明度"画笔工具，将画笔大小设置为8 像素，单击"始终对大小使用压力"选项，用黑色"000000"（●）绘制出蜻蜓的草稿。

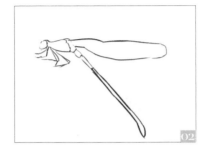

Step 03 选择"硬边圆压力不透明度"画笔工具，选择色卡为"70b8e2"（●）的颜色绘制出蜻蜓的底色。

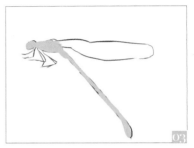

Step 04 选择黑色"000000"（●）绘制出蜻蜓的翅膀和脚。

Step 05 选择色卡为"306aa8"（●）的颜色绘制出蜻蜓的阴影。

Step 06 选择色卡为"e6eadc"（○）的颜色绘制出翅膀的底色。

Step 07 选择色卡为"0c1e2d"（●）的颜色绘制翅痣。

Step 08 选择色卡为"c2cab0"（●）的颜色绘制出翅膀的阴影，并调节不透明度至48%。

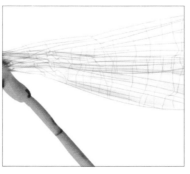

● 不透明度调整前效果

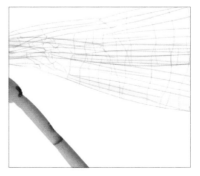

● 不透明度调整后效果

6.12 马

马的头面平直且偏长，四肢较长，耳朵短。毛色较多，以褐色、青色和黑色为主。

接下来将对马点缀物的绘制要点和绘制步骤进行讲解。

绘制要点

（1）仔细观察马外形，把握好马的构造。

（2）把握好构图，绘制出马的动态。

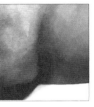

绘制马鬃时，要有飘逸感。

通过增强明暗对比来突出结构。

绘制步骤

Step 01 新建一个空白画布并新建"草稿"图层。选择"硬边圆压力不透明度"画笔工具，将画笔大小设置为 8 像素，单击"始终对大小使用压力"选项，用深黑红"6f1515"（●）绘制出马的草稿。

Step 02 在"草稿"图层下方，新建"线稿"图层，选择黑色"000000"（●）绘制出马的线稿。关闭草稿的可见性。

Step 03 选择"晕染水墨"画笔工具，选择色卡为"5b2e29"（●）的颜色绘制出马的底色。

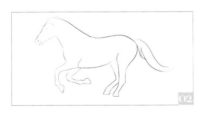

Step 04 选择色卡为"2d1a18"（●）的颜色绘制出马的阴影。

Step 05 选择色卡分别为"ccaaab"（●）和白色"ffffff"（○）的颜色绘制出马的亮面和眼睛高光。

Step 06 选择"晕染水墨"画笔工具，选择色卡为"314044"（●）的颜色绘制出马鬃。关闭线稿的可见性，让画面看起来更加自然。

关闭"线稿"图层前

关闭"线稿"图层后

6.13 兔子

兔子属于哺乳类动物，它具有管状的长耳朵，簇状的短尾。由于它的前肢比后肢要短，所以有利于跳跃。接下来将对兔子点缀物的绘制要点和绘制步骤进行讲解。

1 绘制要点

（1）了解兔子构造，把握兔子的主要外形特征。

（2）把握兔子的整体色调搭配。

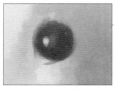

注意眼睛颜色过渡自然。

兔子的整体色调主要偏灰红，整个颜色混合自然。

2 绘制步骤

Step 01 新建一个空白画布并新建"草稿"图层，选择"常用水墨"画笔工具，用深黑红"6f1515"（●）绘制出兔子的草稿。

Step 02 将"草稿"图层隐藏，新建"兔子"图层。选择"常用水墨"画笔，选择色卡为"524645"（●）的颜色绘制出兔子的线稿。关闭草稿的可见性。

Step 03 选择"硬边圆压力不透明度"画笔工具，选择色卡为"f8e8e4"（●）和"ae5252"（●）颜色绘制出兔子的底色。

Step 04 选择"晕染水墨"画笔工具，选择色卡为"a38d89"（●）颜色绘制出兔子的阴影。

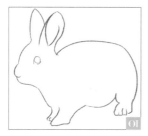

Step 05　选择色卡分别为"645c5c"（●）和"752c2b"（●）颜色加深兔子阴影和眼珠。

Step 06　选 择 色 卡 为 "6e4d4d"（●）颜色丰富色彩层次。

Step 07　选 择 色 卡 为 "f8f0ee"（ ）颜色绘制出亮面。

6.14 流水

流水水景部分也是古风插画中重要的点缀物， 接下来将对流水点缀物的绘制要点和绘制步骤进行讲解。

绘制要点

（1）把握好水的动态感。

（2）把握好明暗层次，表现水的体积感。

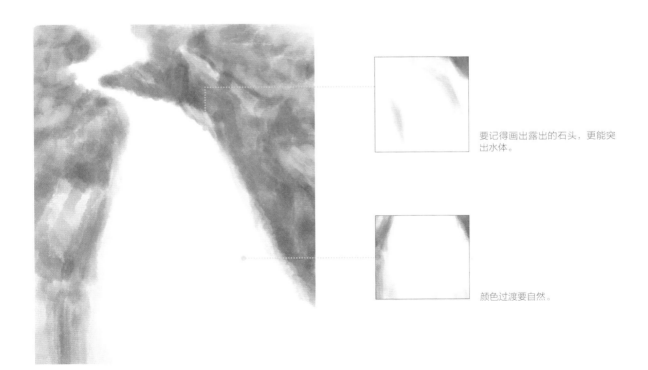

要记得画出露出的石头，更能突出水体。

颜色过渡要自然。

2 绘制步骤

Step 01 新建一个空白画布并新建"草稿"图层，选择"常用水墨"画笔工具，用黑色"000000"（●）绘制出石头的草稿。

Step 02 将"草稿"图层上方新建"石头"图层。选择"晕染水墨"画笔工具，选择色卡为"45362e"（●）的颜色绘制出石头的底色，关闭草稿的可见性。

Step 03 选择色卡为"87a3b9"（●）的颜色绘制石头。

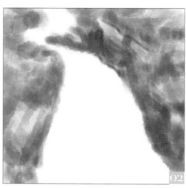

Step 04 选择色卡为"9ebdce"（●）颜色绘制水。

Step 05 选择色卡为"22592f"（●）的颜色绘制出石头上的草。

Step 06 选择色卡为"7cc58f"（●）的颜色绘制出草的亮面。

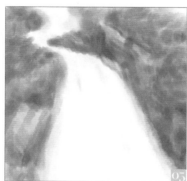

6.15 麋鹿

　　麋鹿属于鹿科，麋鹿角倒置时能够三足鼎立，在鹿科动物中是独一无二的。它夏季时毛为红棕色，冬季脱毛后为棕黄色。

　　接下来将对麋鹿点缀物的绘制要点和绘制步骤进行讲解。

1 绘制要点

　　（1）把握好麋鹿的主要结构特征。

　　（2）构图时从整体去观察形体的走向。

注意观察身体的明暗变化，增加立体感。

顺着结构的走向画阴影。

■ 绘制步骤

Step 01 打开 Photoshop 软件，执行"文件"→"新建"命令，弹出"新建"对话框，将数值设为图中模式，单击"确定"按钮，一张可供使用的画布就创建完成了，即"草稿"图层。

Step 02 选择"硬边圆压力不透明度"画笔工具，将画笔大小设置为 8 像素，单击"始终对大小使用压力"选项，用黑色"000000"（●）绘制出麋鹿的草稿。

Step 03 选择"晕染水墨"画笔工具，选择色卡为"1a253e"（●）的颜色绘制出麋鹿的底色。

Step 04 选择色卡为"1d102e"（●）的颜色绘制出麋鹿的阴影。

Step 05 选择色卡为"252f3c"（●）的颜色绘制出麋鹿眼睛和鼻子。

Step 06 选择色卡为"d496f4"（●）的颜色绘制麋鹿角。

Step 07 选择色卡为"f3909e"（●）的颜色丰富麋鹿的颜色。

Step 08 选择色卡分别为"e5daf3"（●）、"f1dbe6"（●）和"e8be5b"（●）的颜色丰富麋鹿角色彩层次。

6.16 灯笼

灯笼是一种笼状的灯具，它的外层一般用细篾或铁丝等作为骨架然后蒙上纸或纱类透明物，内部可以燃灯烛。灯笼常用喜庆的红色，一般不用白色，因为白灯笼用于丧事。

接下来将对灯笼点缀物的绘制要点和绘制步骤进行讲解。

1 绘制要点

（1）整体构图清晰，画面美观。

（2）把握好灯笼的构造和色调。

雕塑颜色处理要自然，其表面材质是光滑的。

丝线清晰，颜色过渡自然。

② 绘制步骤

Step 01　新建一个空白画布并新建"草稿"图层，选择"硬边圆压力不透明度"画笔工具，将画笔大小设置为 8 像素，单击"始终对大小使用压力"选项，选择色卡为"79655a"（●）的颜色绘制出灯笼的草稿。

Step 02　将"草稿"图层隐藏，新建"灯笼"图层。选择色卡为"9c3838"（●）的颜色绘制出灯笼的线稿，关闭草稿的可见性。

Step 03　选择色卡分别为"a92424"（●）、"390d0a"（●）和"6b1312"（●）的颜色绘制出灯身和框架的底色。

Step 04　选择色卡为"db5510"（●）的颜色绘制出灯笼的亮面。

Step 05　选择色卡为"631410"（●）的颜色绘制出框架的亮面。

Step 06　选择"线稿"图层，单击"锁定透明像素"按钮，选择色卡为"6f1612"（●）绘制线稿。让线稿与画面更好地融合在一起。

● 锁定透明像素按钮

● "线稿"图层修改前

● "线稿"图层修改后

07 古风花卉的组合运用

◎ **本章要点**

前面学习了常见古风花卉的表现和常见点缀物的表现之后，接下来对元素的组合运用进行讲解。本章主要介绍水仙与禽鸟，荷花与丹顶鹤，竹林与明月以及花丛与兔子等组合的表现方法。

7.1 水仙与禽鸟

水仙花在春天开放，寓意丰富，是友谊、幸福、吉祥的象征。鸟是春的使者。两者搭配，含有春天来临，万物复苏的寓意。

7.1.1 绘制要点

（1）把握好整体构图，画面要美观。

（2）把握好水仙和禽鸟的结构特征。

（3）禽鸟的动态造型可以多变，避免呆板、单一。

禽鸟的绘制要注意颜色层次的自然过渡。

要区分叶子的前后穿插关系，并注意叶片上光源色效果的表达。

把握好禽鸟与水仙之间的空间层次关系。

7.1.2 构图与线稿

Step 01 打开 Photoshop 软件，执行"文件"→"新建"命令，弹出"新建"对话框，将数值设为图中模式，单击"确定"按钮，一张可供使用的画布就创建完成了。

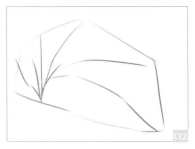

Step 02 新建"构图辅助"图层，选择"铅笔"画笔工具，选择色卡为"5f5450"（●）的颜色勾画出画面大的框架结构辅助线。

"铅笔"画笔效果

Step 03 降低"构图辅助"图层的不透明度至 20 %，新建"草稿"图层，在"构图辅助"图层的基础上选择色卡为"797876"（●）的颜色勾画出详细的草图。

Step 04 关闭"构图辅助"图层的可见性，调整并细化局部细节，完善草稿。

"构图辅助"图层 关闭"构图辅助"
不透明度 20% 图层的可见性

Step 05 降低"草稿"图层的不透明度至 20 %，新建"花朵线稿"图层。选择"硬边圆压力不透明度"画笔工具，将画笔大小设置为 8 像素，单击"始终对大小使用压力"选项，选择黑色"000000"（●）准确绘制出水仙花花卉部分的线稿。

Step 06 新建"禽鸟线稿"图层，在"草稿"图层的基础上准确绘制出 3 只禽鸟的线条，注意结构要交代清楚。

　　首先，新建"辅助草图"图层，选择"铅笔"画笔工具，用圆形概括画出水仙花的大体外形。接着，在圆形内概括出水仙花的具体造型。然后，降低"辅助草图"图层的不透明度，新建"线稿"图层，在草图的基础上一步一步准确地绘制出水仙花的具体线条，注意把握好局部细节，透视要准确。最后，关闭"辅助草图"图层的可见性，调整并完善线稿的绘制。

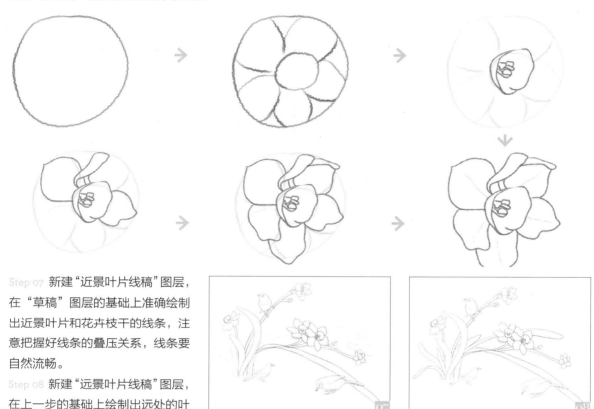

陌上花开

古风CG插画绘制技法精解（花卉篇）

222

Step 07 新建"近景叶片线稿"图层，在"草稿"图层的基础上准确绘制出近景叶片和花卉枝干的线条，注意把握好线条的叠压关系，线条要自然流畅。

Step 08 新建"远景叶片线稿"图层，在上一步的基础上绘制出远处的叶片，增添叶片的层次感。关闭"草稿"图层的可见性，让线稿看得更加清晰。

| 水仙叶片的绘制技巧 |

　　首先，选择"硬边圆压力不透明度"画笔工具，根据透视关系，用轻松的曲线绘制出近景叶片的轮廓。接着，在空白处绘制出远处叶片的轮廓，注意把握好水仙叶片的外形特征和生长方向。最后，降低画笔像素或添加叶脉让画面看起来更加精细。

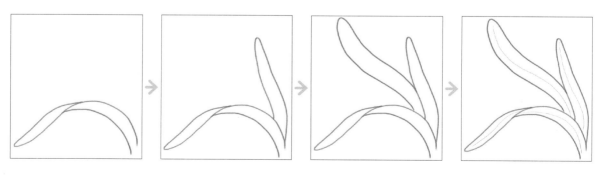

Step 把画笔的大小降低至 5 像
素，深入局部刻画细节，细化花卉
及叶片的叶脉部分让画面看起来更
加精细，调整并完善线稿。

7.1.3 绘制与上色

Step 新建"叶花"图层组，并在下方新建"叶子
底色"图层，选择"晕染水墨"画笔工具，选择色卡
为"7ec88d"（●）的颜色绘制出水仙花叶子的底色。
新建"花蕊底色"图层，选择色卡为"efdc74"
（●）的颜色绘制出水仙花芯的底色。

Step 新建"叶子深色"和"花蕊深色"图层，分别
选择色卡为"489683"（●）和"a27c41"（●）的
颜色绘制出水仙花叶子和花蕊的阴影。

 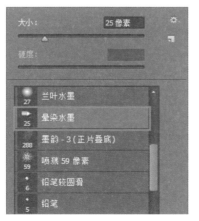 

"晕染水墨"画笔效果

首先，新建"线稿"图层，选择"常用水墨"画笔工具，用轻松随意的线条画出花蕊的轮廓。接着，新建"上色"图层，选择"晕染水墨"画笔工具，依次刻画花蕊的底色、亮面、暗面以及光源色和环境色等，注意把握好整体明暗关系，凸显体积感，颜色的层次变化要丰富。

Step 03 新建"亮面"图层，选择色卡为"f5e5a3"（ ）的颜色绘制出水仙花的亮面，并刻画叶片上的光源色效果。

Step 04 新建"鸟1"图层组并在下方新建"鸟1底色"图层。选择"常用水墨"画笔工具，选择色卡为"d5cfba"（ ）"eccc88"（ ）及"9e6c5e"（ ）的颜色绘制出鸟1的 底色。

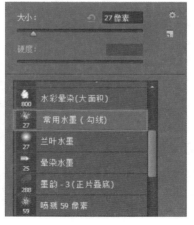

• "常用水墨"画笔效果

Step 05 新建"鸟2"图层组并在下方新建"鸟2底色"图层,选择色卡为"a9b2c9"(●)"eccc88"(●)及"f0ceb5"(●)的颜色绘制出鸟2的底色。

Step 06 新建"鸟3"图层组并在下方新建"鸟3底色"图层,选择色卡为"618bca"(●)"e0bf7a"(●)及"f0ceb5"(●)的颜色绘制出鸟3的底色。

Step 07 在"鸟1"图层组下方新建"鸟1晕染"图层,选择"晕染水墨"画笔工具,选择色卡为"4e576b"(●)"82a6a8"(●)及"92a6d7"(●)的颜色绘制出鸟1的羽毛,丰富画面颜色。

Step 08 在"鸟2"图层组下方新建"鸟2暗部"图层,选择色卡为"4e576b"(●)和"d69874"(●)的颜色绘制出鸟2的暗面。

Step 09 在"鸟3"图层组下方新建"鸟3晕染"图层,选择色卡为"4e576b"(●)的颜色细化并丰富鸟3的颜色。

Step 10 分别在"鸟1"和"鸟3"图层组下方新建"禽鸟阴影"图层,选择色卡为"74908e"(●)和"2c498b"(●)的颜色分别绘制出鸟1和鸟3羽毛的阴影部分,加强颜色明暗对比。

Step 11 在"鸟1"图层组下方新建"鸟1亮面"图层,选择色卡为"88bcc4"(●)和"d2d2d2"(●)的颜色分别绘制出鸟1的羽毛和眼睛的亮面。

Step 12 在"鸟2"图层组下方新建"鸟2亮面"图层,选择色卡为"d2d2d2"(●)和"efdc74"(●)的颜色绘制出鸟2的眼睛和羽毛亮面。

Step 13 在"鸟 3"图层组下方新建"鸟 3 亮面"图层,选择色卡为"d2d2d2"(●)的颜色绘制出鸟 3 羽毛的高光。

Step 14 选择"线稿"图层并单击"锁定透明像素"按钮,选择"柔边圆压力不透明度"画笔工具,选择色卡 分 别 为"705a4b"(●)"a58a34"(●)及"1a4521"(●)的颜色调整花鸟和枝叶的线稿色彩,让线稿与画面更好地融合在一起。

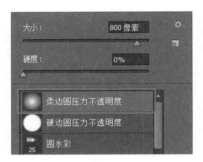

● "柔边圆压力不透明度"画笔效果

Step 15 新建"地面晕染"图层,选择"水彩晕染"画笔工具,选择色 卡 为"489683"(●)和"efdc74"(●)的颜色绘制水仙花叶子和地面,丰富画面,完成绘制。

● "水彩晕染"画笔效果

陌上花开 古风CG插画绘制技法精解(花卉篇)

首先，新建"草稿"图层，选择"铅笔"画笔大致勾画出鸟的外形。接着，新建"线稿"图层，选择"常用水墨"画笔工具，准确绘制出禽鸟的线稿并细化内部结构。然后，新建"上色"图层，选择"晕染水墨"画笔工具，依次一层一层地绘制出底色、暗部和亮部等细节，注意把握好整体色调，颜色层次变化要丰富。

7.2 荷花与丹顶鹤

荷花与丹顶鹤在中国画中是比较常见的搭配，代表着神圣高雅。丹顶鹤形态美丽，喙、颈、腿都长，这样的丹顶鹤看起来"仙风道骨"。荷花是圣洁的代表，荷花出淤泥而不染，人们都喜欢以此激励自己洁身自好。

7.2.1 绘制要点

（1）利用其他景物拉开空间感，营造氛围。

（2）把握好整体构图，虚实结合。

湖水要有深浅层次变化，适当进行留白处理。

花瓣的颜色过渡要自然。

7.2.2 构图与线稿

Step 01 打开 Photoshop 软件，执行"文件"→"新建"命令，弹出"新建"对话框，新建"草稿"图层。选择"铅笔"画笔工具，选择色卡为"797876"（●）的颜色勾勒出大的透视线条，表现构思草图物体的分步。

Step 02 在上一步的基础上细化草稿，让物体的形态更加具体，如丹顶鹤羽毛生长方向和荷花造型等。

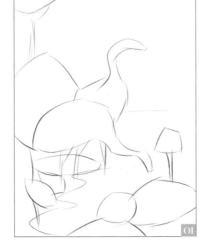

Step 03 降低"草稿"图层的不透明度至 20 %，新建"丹顶鹤线稿"图层，选择"硬边圆压力不透明度"画笔工具，将画笔大小设置为 8 像素，单击"始终对大小使用压力"选项。选择黑色"000000"（●）准确绘制出丹顶鹤的线稿，并刻画局部细节。

Step 04 新建"近景荷花线稿"图层，继续绘制出近景部分荷花和荷叶的线条，注意把握好线条的节奏感，线条要自然流畅。

| 荷花线条节奏感的绘制技巧 |

　　选择"铅笔"画笔工具，从局部入手一片一片地绘制出荷花的外形，注意把握好运笔力度，控制好线条的虚实变化。

首先，新建"草稿"图层，选择"铅笔"画笔大致勾画出荷叶的外形。接着，新建"线稿"图层，选择"常用水墨"画笔工具，准确绘制出荷叶的外轮廓，并细化荷叶的叶脉等细节，注意把握好荷叶的外形特征和转折关系，线条要自然流畅，有虚实变化。

Step 05 新建"远景荷花线稿"图层，在草稿的基础上准确绘制出远处荷叶等剩余部分的线条。

Step 06 关闭"草稿"图层的可见性，让线稿看得更加清晰。调整并刻画局部细节，完善线稿的绘制。

7.2.3 绘制与上色

Step 01 新建"丹顶鹤头部底色"图层，选择"晕染水墨"画笔工具，选择黑色"000000"（●）和红色"a3161a"（●）绘制出丹顶鹤头顶和脖子的底色。新建"荷花底色"图层，选择色卡为"e7d2cf"（◎）的颜色绘制出荷花。

Step 02 新建"背景色"图层，选择"硬边圆压力不透明度"画笔工具，选择色卡为"c9d9d4"（●）的颜色给背景铺上底色。新建"荷叶底色"图层，选择色卡为"659d89"（●）的颜色给荷叶铺底色。

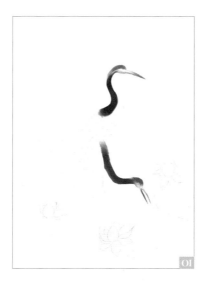

　　首先，新建"线稿"图层，选择"常用水墨"画笔大致勾画出丹顶鹤头部的外形。接着，新建"上色"图层，选择"晕染水墨"画笔工具，依次绘制出头部的底色。最后，刻画局部细节，如嘴巴和眼睛等，调整并完善画面，完成绘制。

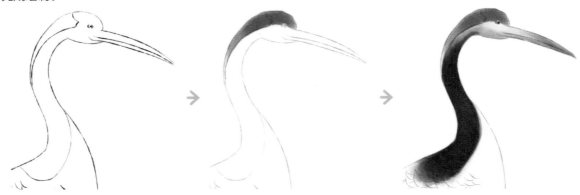

Step 03 新建"丹顶鹤羽毛底色"图层，选择"晕染水墨"画笔工具，选择色卡为"5b739f"（●）的颜色，根据结构线绘制出翅膀部分。新建"远山"图层，选择色卡为"3b4341"（●）的颜色简单表现远山的大体造型。

Step 04 新建"丹顶鹤深色"图层，选择色卡为"28384c"（●）的颜色绘制出丹顶鹤尾部羽毛及腿部的颜色。新建"荷花深色"图层，选择色卡为"992727"（●）的颜色绘制出荷花花瓣的暗部。新建"荷叶深色"图层，选择色卡为"1b5334"（●）的颜色绘制出荷叶的阴影。

| 丹顶鹤翅膀的绘制技巧 |

　　首先，新建"线稿"图层，选择"铅笔"画笔大致勾画出丹顶鹤翅膀的外形。接着，一步一步细化翅膀上羽毛的轮廓，完善线稿的绘制。最后，新建"上色"图层，选择"晕染水墨"画笔工具，依次绘制出翅膀的底色、暗部和亮部等，加强明暗对比，凸显体积感。

Step 05 新建"荷花晕染"图层，选择色卡为"c75330"（●）的颜色绘制荷花，丰富颜色层次。

Step 06 新建"荷叶亮面"图层，选择色卡为"98e6d4"（●）的颜色表现荷叶的亮面。

Step 07 新建"荷花细节"图层，选择色卡为"b12c47"（●）的颜色绘制荷花花瓣瓣尖。

Step 08 新建"远景小船"图层，选择色卡为"3b4341"（●）的颜色绘制出船的基本形态，注意颜色不要太重，与近景主体部分形成虚实对比。

Step 09 新建"湖面"图层，选择色卡为"75a99c"（●）的颜色绘制出远山和船只在湖面的倒影，表现湖面的效果。

Step 10 新建"水纹"图层，选择色卡为"7eb7b7"（●）的颜色在丹顶鹤脚下绘制出水纹，让画面看起来更加活泼、生动。

Step 11　选择"背景色"图层，选择色卡为"e8eeec"（ ⚪ ）的颜色调整并细化背景的层次感，营造画面的氛围并增添空间感。

Step 12　复制"线稿"图层，单击"锁定透明像素"按钮，选择"柔边圆压力不透明度"画笔工具，选择色卡分别为"e8eeec"（ ⚪ ）和"1b5334"（ ⚫ ）的颜色分图层调整丹顶鹤和荷花部分线稿的颜色，让线稿与画面更好地融合在一起，完成绘制。

| 局部细节的绘制技巧 |

● "线稿"调整前效果

● "线稿"调整后效果

● 水纹细节刻画

● 远山细节刻画

● 尾部羽毛细节刻画

7.3 竹林与明月

　　竹林与明月代表一种闲适的生活情趣。一轮明月于画面中，显得幽静闲远，空明澄净，是中国传统画中常见的搭配。

7.3.1 绘制要点

（1）把握好整体构图，画面要美观。

（2）注意加强前后虚实关系，要拉开近景、中景和远景的空间距离感。

明月的绘制不要太亮，要与整体画面融合起来。

注意湖水的颜色过渡要自然。

绘制竹子时要把握好前后的虚实对比关系。

7.3.2 构图与线稿

Step 01 打开 Photoshop 软件，执行"文件"→"新建"命令，弹出"新建"对话框，新建"草稿"图层。选择"铅笔"画笔工具，选择色卡为"771313"（●）的颜色绘制出草稿，确定大致的位置与所占比例。

Step 02 降低"草稿"图层的不透明度至 20%，新建"竹竿线稿"图层，选择"硬边圆压力不透明度"画笔工具，选择黑色"000000"（●）绘制出竹竿的线稿。

● "硬边圆压力不透明度"画笔效果

　　首先，选择"硬边圆压力不透明度"画笔工具，从局部入手绘制出一小节竹竿的轮廓。接着，一步一步依次绘制出其他生长方向竹竿的轮廓，注意把握好前后遮挡关系，线条可以适当断开，不要画得过于呆板。

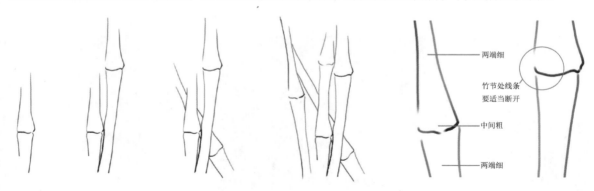
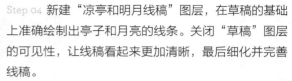

两端细

竹节处线条
要适当断开

中间粗

两端细

Step 03 新建"竹叶线稿"图层，绘制出竹叶的线条，根据画面绘制多层叶子，使画面更饱满。新建"石头线稿"图层，继续绘制出石头的线条，注意要顺着石头的轮廓添加线条。

Step 04 新建"凉亭和明月线稿"图层，在草稿的基础上准确绘制出亭子和月亮的线条。关闭"草稿"图层的可见性，让线稿看起来更加清晰，最后细化并完善线稿。

　　首先，选择"常用水墨"画笔工具，用轻松的线条绘制出一小簇竹叶的线条。接着，在上一步的基础上继续添加不同方向和形态的竹叶丰富画面，注意把握好竹叶的外形特征、生长方向及层次关系。

7·3·3 绘制与上色

Step 01 新建"背景色"图层，选择色卡为"a2a2a2"（●）的颜色，按快捷键"Alt+Delete"填充背景。

Step 02 新建"竹竿底色"图层，选择"硬边圆压力不透明度"画笔工具，选择色卡为"3f4d3c"（●）的颜色绘制出竹竿的底色。

Step 03 新建"近景竹叶"图层，选择"常用水墨"画笔工具，选择黑色"000000"（●）绘制出竹叶的第一遍颜色。选择不透明度为26%的"橡皮擦"工具，适当地进行擦拭，修饰竹叶的外轮廓。

Step 04 新建"竹竿深色"图层，选择"硬边圆压力不透明度"画笔工具，选择色卡为"1a281a"（●）的颜色绘制出竹节的深色。

Step 05 选择色卡为"343d2d"（●）的颜色,继续刻画竹竿的阴影，加强颜色明暗对比。

Step 06 新建"竹竿亮面"图层，选择色卡为"b0c5b5"（●）的颜色绘制出竹竿的高光，选择不透明度为26%的"橡皮擦"工具进行擦拭，让画面看起来更加和谐。

Step 07 合并所有的"竹竿"和"竹叶"图层并重新命名为"竹子"，然后复制"竹子"图层，再调整合适的位置和大小，把不透明度降低至20%，表现远景竹子。

Step 08 新建"石头和凉亭底色"图层，选择"晕染水墨"画笔工具，选择色卡为"595b5e"（●）的颜色绘制亭子和石头。

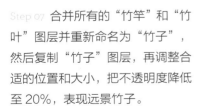

Step 09 新建"石头和凉亭深色"图层，选择色卡为"262830"（●）的颜色绘制出亭子和石头的深色。

Step 10 新建"石头和凉亭亮面"图层，选择色卡为"b0bbc0"（◐）的颜色分别绘制出亭子和石头的高光。

Step 11 选择所有"石头和凉亭"的图层，调整"色彩平衡"，调整整体颜色。

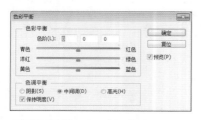

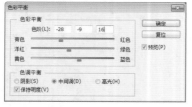

● "色彩平衡"调整前效果

● "色彩平衡"调整后效果

Step 12 新建"月亮和远山底色"图层，选择"晕染水墨"画笔工具，选择色卡为"d2d2d2"（◯）和"b0bbc0"（◐）的颜色绘制出远山和月亮的第一层颜色。

Step 13 新建"背景晕染"图层，选择"水彩晕染"画笔工具，选择色卡为"3c3f4d"（●）的颜色绘制背景，营造画面的氛围。

"水彩晕染"画笔效果

背景晕染前效果

背景晕染后效果

Step 14　选择色卡为"d2d2d2"（●）和"3c3f4d"（●）的颜色继续调整并细化背景，增加色彩的层次变化。新建"月亮晕染"图层，丰富色彩并交代明暗关系。

Step 15　新建"湖面"图层，选择色卡为"d7dee9"（●）的颜色绘制出湖面的亮面。关闭"线稿"图层的可见性，调整并完善整体画面，完成绘制。

"线稿"关闭前效果

"线稿"关闭后效果

7.4　花丛与兔子

花丛与兔子组合画面中，娇憨的兔子在鲜艳的花朵的映衬下显得更加生动活泼，它的加入让整个画面看起来更加有趣。

7.4.1　绘制要点

（1）把握好植动物的外形特征。

（2）把握好整体构图，虚实结合。

绘制兔子要注意颜色层次自然过渡。

绘制石头可以使用留白的方法，凸显高光。

绘制花卉可以采用多种视角来表现。

7.4.2 构图与线稿

Step 01 打开 Photoshop 软件，执行"文件"→"新建"命令，弹出"新建"对话框。新建"草稿"图层，选择"硬边圆压力不透明度"画笔工具，选择红色"7d0f10"（●）绘制出构思草图，确定物体在画面中大致的位置与所占比例。

Step 02 把"草稿"图层的不透明度降低至 25%，新建"兔子线稿"图层，选择"硬边圆压力不透明度"画笔工具，把画笔大小设置为 6 像素，选择黑色"000000"（●）绘制出兔子的线稿。

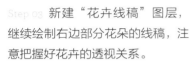

● "硬边圆压力不透明度"画笔效果

Step 03 新建"花卉线稿"图层，继续绘制右边部分花朵的线稿，注意把握好花卉的透视关系。

| 兔子线稿的绘制技巧 |

　　首先，新建"草稿"图层，选择"硬边圆压力不透明度"画笔工具，用短直线概括画出兔子的大体外形。接着，新建"线稿"图层，选择"常用水墨"画笔工具，从局部入手一步一步准确地绘制出兔子的轮廓，刻画局部细节，如眼睛等。最后，关闭"草稿"图层的可见性，调整并完善线稿，完成绘制。

Step 04 新建"石头线稿"图层，在兔子和花卉后面绘制出石头的线稿并在石头周围添加几缕草，丰富画面。

Step 05 选择"花卉线稿"图层，继续绘制出左边部分花卉的线条。新建"枝叶线稿"图层，继续绘制出花卉叶片部分的线条。

Step 06 关闭"草稿"图层的可见性，让线稿看起来更加清晰明了，然后细化并调整整体线稿，完成线稿的绘制。

| 线稿局部细节刻画技巧 |

7·4·3 绘制与上色

Step 01 新建"兔子1底色"图层，选择"晕染水墨"画笔工具，选择色卡为"5b3c39"（●）的颜色绘制出蹲坐姿势兔子的固有色，并通过运笔力度变化和留白简单交代明暗关系。

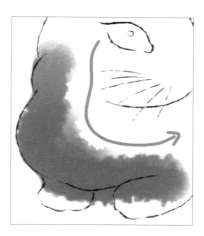
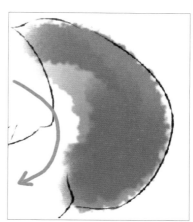

Tips

给物体上色时要根据结构特征以及轮廓线运笔，注意运笔方向要灵活多变。

Step 02 新建"兔子2和石头底色"图层，选择色卡为"253049"（●）的颜色绘制出兔子2和远处的石头，这一步运用留白的方式区分颜色层次。

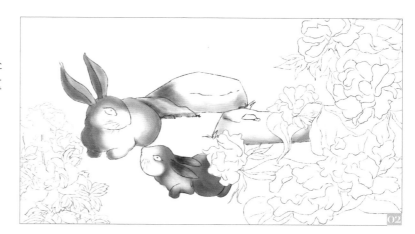

Step 03 新建"兔子眼睛"图层，选择色卡为"6b2828"（●）和"ffffff"（○）的颜色绘制出兔子的眼睛，注意添加高光让眼睛看起来有神。

　　首先，新建"线稿"图层，选择"常用水墨"画笔大致勾画出兔子的轮廓，注意把握好兔子的动态，线条要自然流畅。接着，新建"上色"图层，选择"晕染水墨"画笔工具，依次绘制出兔子的底色、暗部和亮部，深入局部刻画细节，表现光源色、环境色以及眼睛的细节。最后，调整并完善画面，完成绘制。

Step 04　新建"石头周围小草"图层，选择色卡为"557124"（●）的颜色绘制出草及石头和兔子在草地上的阴影。

Step 05　新建"花卉底色"图层，选择"常用水墨"画笔工具，选择色卡为"f59091"（●）颜色给花卉部分铺上底色。

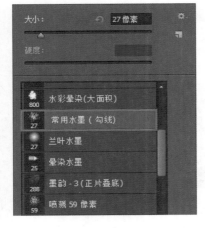

● "常用水墨"画笔效果

Step 06 新建"花卉底色"图层，选择色卡为"39917c"（●）颜色给枝叶部分铺上底色。

Step 07 新建"花卉和枝叶暗部"图层，选择色卡为"aa1d61"（●）和"0b6143"（●）的颜色绘制出花卉和枝叶部分的暗面，注意颜色过渡要自然。

Step 08 新建"花卉和枝叶亮面"图层，选择色卡为"ff6b36"（●）和"4dbc83"（●）的颜色分别绘制出花卉和枝叶的亮面，注意色彩的冷暖搭配要合理。

| 花卉的绘制技巧 |

首先，新建"线稿"图层，选择"硬边圆压力不透明度"画笔工具，从近景花瓣开始一步一步绘制出花卉的轮廓，确定造型。接着，新建"上色"图层，选择"晕染水墨"画笔工具，依次绘制出花卉的底色、亮部和暗部等，塑造体积感。注意色彩的层次感要丰富，过渡要自然。

Step 09 新建"草坪"图层，选择"晕染水墨"画笔工具，选择色卡为"74873b"（●）的颜色，通过运笔力度变化绘制出草丛。

Step 10 新建"背景"图层，选择"硬边圆压力不透明度"画笔工具，选择色卡为"f3dac0"（●）的颜色给背景铺上底色，然后选择不透明度30%的"橡皮擦"工具进行擦拭，丰富颜色层次变化并增加空间感。

Step 11 复制"线稿"图层，锁定"线稿拷贝"图层的透明像素，选择"柔边圆压力不透明度"画笔工具，选择色卡为"516170"（●）的颜色修改线稿并降低不透明度为 80%，使线稿与画面融合，让整体看起来更加和谐、统一，完成绘制。

"柔边圆压力不透明度"画笔效果

"线稿"调整前效果

"线稿"调整后效果

08 配合花卉绘制场景

◎ **本章要点**

学习了古风花卉的组合运用之后，接下来将针对配合花卉绘制场景进行讲解。本章主要讲解桃林场景，梨花树下场景，梅独自傲场景以及潇洒海棠场景。

8.1 桃林场景的画法

桃花属于落叶乔木，被广泛种植在温带地区，它的繁殖主要以嫁接为主。桃花一般在早春开花，作为中国传统的园林花木，它的树态优美、花朵丰腴、色彩艳丽。茂密的桃林到了春暖花开的时候，常常营造出一种桃花如火、浓淡相间、落英缤纷的唯美意境，这些鲜红艳丽的桃花场景耐人寻味。

8.1.1 绘制要点

（1）注意画面空间层次感的把握，要拉开近景、中景和远景的空间距离。

（2）画面不要铺得太满，适当留白表现透气感。

（3）颜色的使用不要过多，避免画面凌乱，冷暖搭配要恰当，画面的色调要和谐统一。

（4）学会运用花瓣和丝带等物体来丰富画面的内容，营造空间的气氛。

注意把握好凉亭顶端的透视关系，细节刻画要到位，如屋面瓦和雕花等。

注意把握好色彩的层次变化，色彩要丰富。

8.1.2 构图与线稿

Step 01 打开 Photoshop 软件，执行"文件"→"新建"命令，弹出"新建"对话框。新建"草稿"图层，选择"铅笔"画笔工具，选择色卡为"403b3b"（●）的颜色在画面中勾画出凉亭和植物等大的透视线条。选择"硬边圆压力不透明度"画笔工具，选择色卡为"fff9f9"（○）的颜色给画面填充底色。

Step 02 把"草稿"图层的不透明度降低至 28%，新建"枝干线稿"图层，选择"常用水墨"画笔工具，把画笔大小设置为 10 像素，从局部入手，在草稿的基础上准确绘制出左上角花卉枝干的线条。

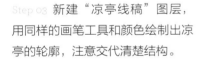

● "草稿"不透明度 100% 效果

● "草稿"不透明度 28% 效果

Step 03 新建"凉亭线稿"图层，用同样的画笔工具和颜色绘制出凉亭的轮廓，注意交代清楚结构。

Step 04 新建"花朵线稿"图层，选择色卡为"d06e87"（●）的颜色在枝干上绘制出花卉部分的轮廓，注意花卉的分布位置。

Step 05 关闭"草稿"图层的可见性，补充细节刻画，调整并完善整体线稿。

●"草稿"关闭前效果　　　　　　　　　　　●"草稿"关闭后效果

8.1.3　绘制与上色

Step 01　降低所有"线稿"图层的不透明度至20%，新建"枝干深色"图层，选择"圆水彩"画笔工具，选择色卡为"272016"（●）的颜色绘制出枝干的暗面颜色。

Step 02　新建"枝干底色"图层，选择色卡为"503831"（●）的颜色绘制出枝干部分的底色，注意运笔力度的轻重变化。

| 枝干的绘制技巧 |

　　首先，新建"线稿"图层，选择"常用水墨"画笔大致勾画出枝干的轮廓。接着，新建"暗部"图层，选择"晕染水墨"画笔工具，根据光源方向绘制出枝干的暗面颜色，注意面积不要过大。最后，新建"晕染"图层，依次刻画枝干的底色、亮部，并添加光源色和环境色，增强颜色层次变化和体积感，完成绘制。

Step 03　新建"叶片上色"图层，选择"晕染水墨"画笔工具，选择色卡为"646145"（●）"f1ba6e"（◐）和"758915"（●）的颜色绘制出叶片的色彩变化。

Step 04　新建"花卉上色"图层，选择色卡为"fd8791"（◐）的颜色绘制出花卉的底色，选择色卡为"f43542"（●）"910a12"（●）和"fdd7db"（◐）的颜色刻画花卉的细节及明暗关系。选择"叶片上色"图层完善剩余部分叶片。

| 桃花的绘制技巧 |

　　首先，新建"线稿"图层，选择"常用水墨"画笔大致勾画出桃花的外形。接着，新建"上色"图层，选择"晕染水墨"画笔工具，依次绘制出桃花的底色。最后，刻画局部细节，如花托和花蕊等，调整并完善画面，完成绘制。

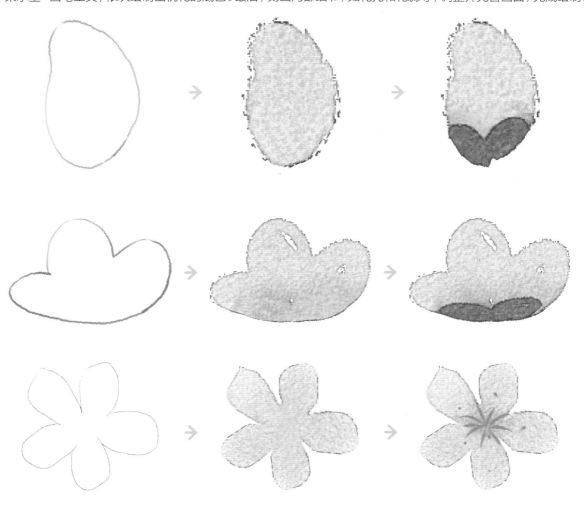

| 叶片的绘制技巧 |

　　首先，新建"线稿"图层，选择"常用水墨"画笔大致勾画出叶片的外形。接着，新建"上色"图层，选择"晕染水墨"画笔工具，依次绘制出叶片的底色、暗部以及亮部。关闭"线稿"图层的可见性，让画面看起来更加自然，完成绘制。

Step 05 新建"丝带上色"图层，选择色卡为"641216"（●）和"c62631"（●）的颜色，通过不同的力度及画笔不透明度的设置绘制出丝带的明暗关系。

Step 06 新建"背景桃花深色"图层，选择"水彩晕染"画笔工具，选择色卡为"f56e88"（●）的颜色采用色块的形式绘制出远景桃林暗部。

| 丝带的绘制技巧 |

　　首先，新建"线稿"图层，选择"硬边圆压力不透明度"画笔大致勾画出丝带的外形，注意把握好丝带的转折和透视关系。接着，新建"上色"图层，选择"圆水彩"画笔工具，依次绘制出丝带的底色、暗部以及亮部，丰富色彩层次并凸显体积感，完成绘制。

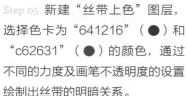

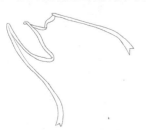

Step 07 新建"背景桃花亮面"图层，选择色卡为"ffd5d7"（●）的颜色绘制出桃林的亮面，调整整体外形。

Step 08 新建"水中花瓣"图层，选择"晕染水墨"画笔工具，选择色卡为"f56e88"（●）的颜色在凉亭周围绘制出飘落的花瓣。

Step 09 新建"远山"图层,选择"水彩晕染"画笔工具,选择色卡为"6d817f"(●)和"d2d2d2"(●)的颜色绘制出远山的大体造型,注意色彩的层次变化。

Step 10 新建"花卉和远山倒影"图层,选择"水彩晕染"画笔工具,选择色卡为"6d817f"(●)和"f56e88"(●)的颜色绘制出水中的倒影,注意与物体自身的对称性及虚实关系。

| 远山的绘制技巧 |

选择"水彩晕染"画笔大致勾画出远山的外形,确定分布位置和面积等。依次渲染远山的暗部以及亮部,并添加色彩层次变化。简单表现在水里的倒影,完成绘制。

Step 11 新建"凉亭底色"图层,选择"圆水彩"画笔工具,选择色卡为"3a454b"(●)"7a8990"(●)和"8b9499"(●)的颜色绘制出凉亭的固有色,并简单交代明暗。

Step 12 新建"屋顶和栏杆阴影"图层,选择"晕染水墨"画笔工具,选择色卡为"1a1f25"(●)的颜色绘制出暗部,注意颜色过渡要自然。

Step 13 新建"凉亭红色柱子"图层，选择"圆水彩"画笔工具，选择色卡为"3d1d22"（●）的颜色绘制出凉亭柱子的色彩变化。

Step 14 新建"凉亭亮面"图层，选择"晕染水墨"画笔工具，选择色卡为"b5babd"（●）的颜色绘制出凉亭的亮部，加强颜色明暗对比。

| 凉亭的绘制技巧 |

新建"线稿"图层，选择"常用水墨"画笔大致勾画出凉亭的外形，同时细化内部结构。新建"上色"图层，选择"圆水彩"画笔工具，依次绘制出凉亭的底色、暗部和亮部等，确定大的明暗关系。新建"细节刻画"图层，刻画局部细节，如材质特征和装饰花瓣等，调整并完善画面，完成绘制。

Step 15 新建"凉亭投影"图层，选择"水彩晕染"画笔工具，选择色卡为"222e2c"（●）的颜色绘制出凉亭在水中的倒影。

Step 16 新建"屋顶花瓣"图层，选择"圆水彩"画笔工具，选择色卡为"f56e88"（●）和"ffd5d7"（●）的颜色绘制出飘落在屋顶上的花瓣，并细化背景桃林部分飘落花瓣的层次感。

| 凉亭投影局部细节刻画 |

选择"晕染水墨"画笔工具，在凉亭的下方绘制出投影的底色，注意把握好外形。添加层次变化，加强明暗对比，注意色彩要自然过渡。

Step 17 新建"近景飘落花瓣"图层，选择"晕染水墨"画笔工具并把画笔像素降低，选择色卡为"c1454d"（●）和"e7b0b3"（●）的颜色绘制出近景花瓣的明暗，选择色卡为"4d5d5a"（●）的颜色绘制出花瓣在水面上的阴影。

Step 18 关闭"线稿"图层的可见性，让整体画面看起来更加和谐、自然。调整并完善整体画面的细节，完成绘制。

● "线稿"关闭前效果

● "线稿"关闭后效果

首先，新建"线稿"图层，选择"常用水墨"画笔大致勾画出散落花瓣的外形。接着，新建"上色"图层，选择"圆水彩"画笔工具，依次绘制出花瓣的底色、暗部、亮部以及投影，塑造体积感并丰富画面色彩的层次感，完成绘制。

8.2 傲霜梅花场景的画法

　　梅是一种小乔木，一般高达 4~10 米，树皮呈浅灰色或带绿色。梅的品类繁多，一般有果梅与花梅之分，繁殖方式主要是嫁接、扦插和压条。作为中国古代文人情有独钟的观花种类，色、香、形、韵、时等是品赏梅花的重要方向。接下来对梅独自傲场景的绘制要点，构图与线稿，绘制上色等表现进行讲解。

8.2.1 绘制要点

　　（1）整体比例关系要准确，画面的色调要和谐统一。

　　（2）注意画面中的冷暖搭配要合理，颜色不要过多。

　　（3）画面的空间层次感要把握好，梅花、梅树及石头之间的遮挡关系要准确。

　　（4）注意把握好梅花的生长方向及色彩变化。

可以在石头周围和草坪上添加积雪和散落花瓣的效果来渲染画面的氛围。

近景梅花要仔细刻画，花瓣、花蕊和花托等局部细节要刻画到位。

8.2.2 构图与线稿

Step 01 打开 Photoshop 软件，执行"文件"→"新建"命令，弹出"新建"对话框，新建"草稿"图层，选择"铅笔"画笔工具，选择色卡为"403b3b"（●）的颜色勾画出梅花场景的草稿图。

Step 02 降低"草稿"图层的不透明度至20%，新建"中间梅花线稿"图层，选择"硬边圆压力不透明度"画笔工具，把画笔大小设置为8像素，在草稿的基础上绘制出中间部分梅花的线条。

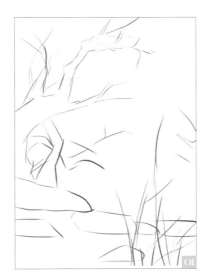

● "硬边圆压力不透明度"画笔8像素效果

Step 03 新建"近景梅花线稿"图层，继续绘制出右下角近景梅花的线稿。

Step 04 新建"石头线稿"图层，在草稿的基础上准确绘制出石头的轮廓线，注意交代清楚结构。

● 关闭"草稿"后效果

● 关闭"草稿"前效果

8.2.3 绘制与上色

Step 01 把"线稿"图层的不透明
度降低至75%，新建"背景色"
图层，选择"柔边圆压力不透明度"
画笔工具，选择色卡为"fdf5e0"
（　）的颜色绘制出底色，并制作
出渐变效果。

Step 02 新建"草坪底色"图层，
选择"水彩晕染"画笔工具，选择
色卡为"b2d487"（　）和"ebf8ca"
（　）的颜色在画面底部绘制出草
丛的效果。

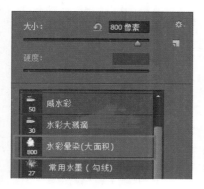

● "水彩晕染"画笔效果

Step 03　新建"枝干底色"图层，选择"晕染水墨"画笔工具，选择色卡为"a8917f"（ ● ）和"463b37"（ ● ）的颜色绘制出梅树枝干的颜色，并初步交代明暗关系。

Step 04　新建"枝干细节"图层，把画笔像素降低，选择色卡为"483e35"（ ● ）的颜色绘制出梅树树干的暗部及细节。选择色卡为"b2d487"（ ● ）的颜色添加环境色。

| 枝干局部细节刻画技巧 |

　　首先，新建"线稿"图层，选择"常用水墨"画笔大致勾画出梅树枝干的外形，注意把握好外形特征，前后遮挡关系要准确。接着，新建"上色"图层，选择"晕染水墨"画笔工具，依次绘制出枝干的底色、暗部、亮部以及环境色。最后，添加积雪效果，营造氛围，完成绘制。

Step 05　新建"远景梅花树"图层，选择色卡为"bbb4a2"（ ● ）和"d1848a"（ ● ）的颜色绘制出远处的梅花，选择"滤镜"→"模糊"→"高斯模糊"调整图层的清晰度，加强虚实对比关系。

Step 06　新建"梅花底色"图层，选择"常用水墨"画笔工具，选择色卡为"ed2e3d"（ ● ）的颜色绘制出近景和中景梅花的底色。

Step 07 新建"梅花细节"图层，选择色卡为"fca3a7"（●）"8e1b22"（●）"f7a66f"（●）以及"496127"（●）的颜色绘制出近景梅花的细节部分，同时调整整体梅花的分布位置及疏密关系。

Step 08 新建"远景梅花背景晕染"图层，选择"水彩晕染"画笔工具，选择色卡为"f2acaa"（●）和"f5d3d2"（●）的颜色绘制出梅花背景底色，并选择"模糊"工具让颜色自然晕染。

| 梅花的绘制技巧 |

　　首先，新建"线稿"图层，选择"铅笔"画笔大致勾画出梅花的外形。接着，新建"上色"图层，选择"晕染水墨"画笔工具，依次绘制梅花的底色、暗部和亮部，交代明暗关系。然后刻画局部细节，如花蕊等，调整并完善画面，完成绘制。

| 梅花局部细节刻画技巧 |

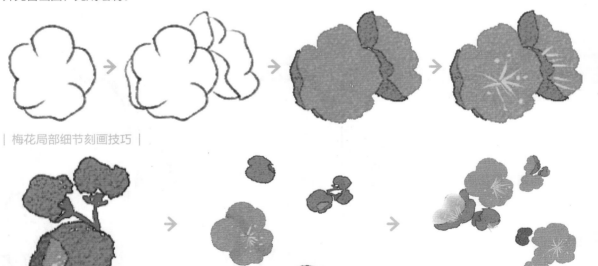

Step 09 新建"石头底色"图层，选择"常用水墨"画笔工具，选择色卡为"4a484d"（●）的颜色绘制出石头的底色。

Step 10 新建"石头晕染"图层，选择"晕染水墨"画笔工具，选择色卡为"667980"（●）和"8b937c"（●）的颜色绘制出石头上的青苔，并交代光源色和环境色。

Step 11 新建"石头和草坪积雪"图层，选择"水彩晕染"画笔工具，选择色卡为"ebf1ef"（　）的颜色以及白色"ffffff"（○）在石头和草坪上绘制出团状积雪效果，注意分步位置及形态变化。

Step 12 新建"枝干上积雪"图层，用同样的方法继续添加积雪效果。

| 石头的绘制技巧 |

首先，新建"线稿"图层，选择"铅笔"画笔大致勾画出石头的外形，注意把握好空间层次关系。接着，新建"上色"图层，选择"晕染水墨"画笔工具，依次绘制出石头的底色、暗部和亮部。然后，添加环境色和光源色，增添层次感。最后，添加积雪效果和小草等局部细节，丰富画面元素并营造氛围，调整并完善画面，完成绘制。

首先，选择"水彩晕染"画笔大面积铺色，确定草坪的外形和层次。接着，进一步晕染草坪的色彩层次变化和明暗变化，然后添加积雪效果，完成绘制。

Step 13 新建"散落花瓣"图层，选择"水彩大溅滴"画笔工具并调至适当大小，选择色卡为"c4323d"（ ● ）和"e37c73"（ ● ）的颜色绘制出点缀装饰效果，并选择"橡皮擦"工具擦出花瓣的形状。调整并完善画面，完成绘制。

| 局部细节刻画技巧 |

| 花瓣的绘制技巧 |

首先，选择"水彩大溅滴"画笔大致画出分布位置，接着选择"橡皮擦"工具细化花瓣的外形，注意变化要丰富。然后，选择"高斯模糊"调整虚实变化，完成绘制。

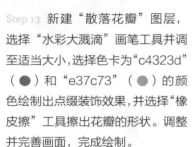

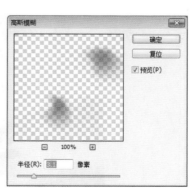

8.3 潇洒海棠场景的画法

　　海棠的品种繁多，常见的有垂丝海棠、山楂海棠、西府海棠和三叶海棠等，它是中国著名观赏树种之一，在中国分布较为广泛。海棠的主要繁殖方法有嫁接、压条、扦插、分株和播种等，一般喜阴，喜湿润且忌高温。

　　海棠树的树姿优美、春花烂漫并且香气浓郁，入秋之后还会挂满海棠果。海棠花的花姿潇洒，艳美高雅，并且花朵繁茂、花形较大，花卉未开放时呈红艳的花蕾，开放之后会渐渐变成粉红色。一簇簇的海棠花常常缀满枝条，压弯长长的枝条，营造出一种妙不可言的场景氛围。

8.3.1 绘制要点

　　（1）学会运用飘落的花瓣点缀、装饰画面，打破画面的呆板，活跃画面。

　　（2）要注意夜色背景的渲染，学会利用灯光来渲染画面的气氛。但是光照效果的渲染要自然、柔和，不要过于生硬。

　　（3）上色时要注意颜色的渐变及光源色的表现。

远景部分的花卉要适当虚化，与近景形成虚实对比。

注意把握好花卉与桥之间的空间层次关系。

8.3.2 构图与线稿

Step 01 打开 Photoshop 软件，执行"文件"→"新建"命令，弹出"新建"对话框，新建"草稿"图层，选择"铅笔"画笔工具，选择色卡为"403b3b"（●）的颜色勾勒出构思草图，初步划分物体的分布位置及大小比例。

Step 02 降低"草稿"图层的不透明度至 25%，新建"花卉线稿"图层。选择"常用水墨"画笔工具在草稿的基础上准确绘制出海棠花的造型，注意把握好外形特征及疏密变化，花卉要有透视角度变化。

Step 03 新建"枝叶和灯笼线稿"图层，根据草稿和花卉的分布准确绘制出海棠枝叶部分的线稿，并绘制出灯笼的轮廓，结构要交代清楚。

Step 04 新建"远景花卉"图层，在右上角的位置简单勾画出远景部分海棠花枝的轮廓。新建"远景物体"图层，在中间位置绘制出小桥和建筑物的线条。

| 灯笼线稿的绘制技巧 |

　　首先，新建"草稿"图层，选择"铅笔"画笔大致勾画出灯笼的外形。接着，降低"草稿"图层的不透明度，新建"线稿"图层，选择"常用水墨"画笔工具，从局部入手一步步绘制出灯笼的线条。然后，关闭"草稿"图层的可见性，刻画局部细节，完善线稿并完成绘制。

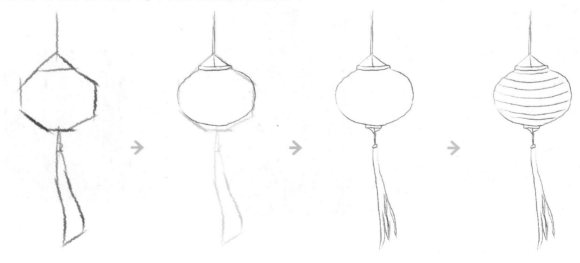

Step 05 关闭"草稿"图层的可见性，让线稿看起来更加清晰，然后调整并完善海棠花枝部分的线稿。

Step 06 新建"飘落花瓣线稿"图层，在画面的下方添加散落花瓣的轮廓，让画面活跃起来，完成线稿的绘制。

8.3.3 绘制与上色

Step 01 新建"花卉上色"图层，选择"圆水彩"画笔工具，选择色卡为"fdbcc0"（●）"e22955"（●）和"ffde15"（●）的颜色绘制出海棠花，注意表现出体积感，色彩的层次感要丰富。

Step 02 新建"叶片上色"图层，选择色卡为"99b5a6"（●）和"dcd7ba"（●）的颜色绘制出叶片部分，注意叶片的色彩变化。

Step 03 新建"花卉暗部"图层，把图层模式设置为正片叠底，选择色卡为"c9b19b"（●）的颜色加深花卉的暗部，加强颜色明暗对比，凸显体积感。

Step 04 新建"枝干上色"图层，选择"咸水彩"画笔工具，选择色卡为"4a3c33"（●）和"a98a75"（●）的颜色绘制出海棠花卉枝干部分的颜色，注意色彩要有层次变化。

| 海棠花的绘制技巧 |

　　首先，新建"线稿"图层，选择"铅笔"画笔勾画出 3 朵不同朝向海棠花的轮廓。接着，在空白处继续添加几朵花卉，增添层次感。然后，新建"上色"图层，选择"圆水彩"画笔工具，绘制出海棠花的底色并调整线稿的颜色。最后绘制花蕊和暗部等局部细节，完成绘制。

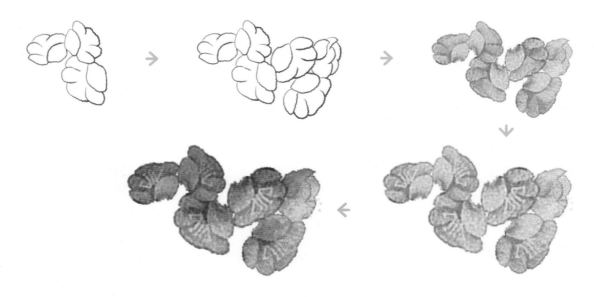

| 叶片的绘制技巧 |

　　首先，新建"线稿"图层，选择"铅笔"画笔勾画出叶片的轮廓，注意把握好外形特征，要有疏密、大小变化。接着，新建"上色"图层，选择"圆水彩"画笔工具，绘制出叶片的底色和亮面颜色。然后，选择"模糊工具"让颜色自然过渡，最后调整并加强颜色明暗对比关系，完成绘制。

Step 05 新建"花托花柄"图层，选择"常用水墨"画笔工具，选择色卡为"443a31"（●）和"77341a"（●）的颜色在适当位置勾画出花托和花柄的轮廓，完善画面的细节。

Step 06 新建"灯笼底色"图层，选择"圆水彩"画笔工具，选择色卡为"d1bb89"（●）和"9b8c6b"（●）的颜色绘制出灯笼的底色。

Step 07 新建"灯笼暗部晕染"图层，选择"晕染水墨"画笔工具，选择色卡为"4e473d"（●）和"baaf9b"（●）的颜色绘制出灯笼的暗部，凸显体积感。

Step 08 新建"灯光效果"图层，选择色卡为"e8c58f"（●）的颜色绘制出灯笼中灯光的效果，并完善局部细节。

| 灯笼上色技巧 |

　　首先，选择"圆水彩"画笔工具，从局部入手依次绘制出灯笼的底色、暗部和亮部，初步交代明暗关系。然后，刻画灯笼的局部细节并添加灯光效果渲染画面，完成绘制。

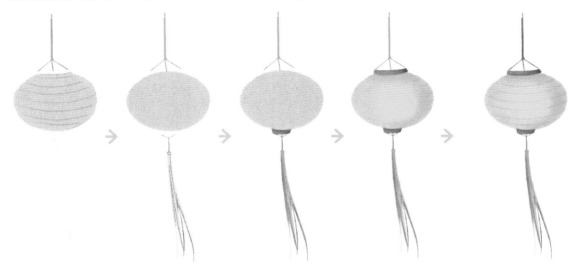

Step 09 新建"远景花卉"图层，选择"晕染水墨"画笔工具，选择色卡为"f796a9"（●）"f5ddbb"（●）"99ab9f"（●）以及"98877d"（●）的颜色绘制出远景海棠花，选择"高斯模糊"调整虚实关系。

Step 10 新建"小桥和建筑底色"图层，选择"常用水墨"画笔工具，选择色卡为"c1c0bb"（●）和"febeb4"（●）的颜色绘制出远处桥和建筑物的基本色。

Step 11　选择色卡为"b9b8bd"（●）和"f8ebe3"（●）的颜色丰富建筑物的颜色层次，注意光源色的表现。

Step 12　新建"建筑物倒影"图层，选择"常用水墨"画笔工具，选择色卡为"d6d3ce"（●）的颜色绘制出建筑在水中的倒影，注意细节刻画要到位。

Step 13　新建"水中石头"图层，选择色卡为"969488"（●）的颜色绘制出石头的底色。新建"灯笼倒影"图层，选择"柔边圆压力不透明度"画笔工具，选择色卡为"dcbea2"（●）的颜色绘制出灯笼映射在水面中的效果。

Step 14　新建"背景色"图层，选择"油漆桶"工具，选择色卡为"4c4743"（●）的颜色填充背景部分的底色，并把图层模式设置为正片叠底。新建"灯笼周围亮光点缀"图层，选择"点缀1"画笔工具，选择白色"ffffff"（○）绘制出细碎的飞白效果。

Step 15　复制"背景色"图层并命名为"背景晕染"，把图层模式设置为滤色，选择"柔边圆压力不透明度"画笔工具，选择色卡为"d7b874"（●）的颜色在灯笼周围晕染刻画整体画面的氛围。

Step 16　新建"飘落花瓣"图层，选择"常用水墨"画笔工具，选择色卡为"c44b4a"（●）"f3a584"（●）及"ffe6a1"（●）的颜色绘制出散落在空中和水面的花瓣。关闭"线稿"图层的可见性，让画面看起来更加自然。

Step.17 新建“远景花瓣”图层，在上一步的基础上添加细碎的花瓣，并使用“高斯模糊”调整清晰度，加强空间关系。调整并完善画面，完成绘制。

● 使用“高斯模糊”前效果

● 使用“高斯模糊”后效果

09 古风花卉临摹范例

◎ **本章要点**

前面讲解了各种花卉绘制场景效果图的表现，本章主要通过搜集一些优秀的古风花卉插画效果图，以供读者临摹学习，从而更好地绘制出优秀的效果图。

范例 1

古风花卉临摹范例